KB121851

다산에게
배우다

신광철 저

예신 Books

머리말

    세상을 변화시키는 것은 소수의 사람들이다. 때로는 엉뚱한 생각을 하는 발명가와 탐험가 그리고 시민 혁명을 이끈 몇 명의 천재들이 없었다면 인류는 오늘의 문명을 만들어낼 수 있었을까? 분명한 것은 오랜 세월 축적된 인간들의 상상과 집념이 산업 혁명의 원동력이 되었고, 그것의 성공은 곧 선진 국가가 탄생하는 계기가 되었다.

    지금이야 우리가 기술 경영이 인정받는 부유한 나라에 살고 있지만, 돌이켜보면 다산 선생이 살다간 1800년대 조선은 참으로 암울한 국가였다. 일자리는 오로지 출세, 즉 공직에 나가는 것이 전부인 나라였다. 그것도 신분제로 인해 지극히 제한적이었지만 출세하여 권력이 생기면 가난한 사람을 종으로 만들어 대대손손 이들의 인권을 빼앗았고, 상공업과 노동이 천대받는 사회를 고착화시킨 희망 없는 나라였다.

    만약 조선 정조 시대에 정약용의 학문, 경세치용(經世致用)을 일찍이 받아들여 나라의 근간으로 삼았다면 조선은 어떻게 변했을까? 비슷한 시기, 미국은 독립하였고 영국에서는 산업 혁명이 시작되었다. 물론 조선에서도 조금씩 실용주의의 태동이 있었지만 변화를 원치 않는 조선의 정치 세력들에 의해 천주교 박해사건이 일어나고, 함께 들어온 서양의 신기술과 학문도 조선 땅에 안착하지 못했다. 아무튼 역사를 가정해보는 것은 부질없고 소비적이라 해도 가슴에 새겨볼 일이다.

아담스미스의 『국부론』이 출판된 1776년대를 서양 경제학이 태동한 원년으로 본다면, 같은 시대를 살다간 다산의 실사구시 사상은 아담스미스의 이론을 뛰어넘는 실천적 경제론이라 할만하다.

오늘 필자의 가슴을 뛰게 하는 일은 시대를 잘못 만나 척박한 유배지로 쫓겨난 한 지성인의 삶이 아니라, 늘 사유와 성찰을 통해 각성하는 그의 실천 철학이다. 그것이 잔잔하지만 매우 혁명적이었음을 보았기 때문이다.

- 강한 국민이 결국은 물질을 지배하게 될 것이다.
- 일찍이 우리의 사상은 물질의 해체가 아니라 통합이며, 그것은 곧 융합이다.
- 우리는 이제 국제 사회의 큰 흐름을 읽고, 그것의 본질을 확보해야 한다.

꽃피는 봄을 지나 40도를 오르내리는 여름 낮밤을 노트북 앞에 앉아, 다산 정약용이 꿈꾸었던 240여 년 전의 실천 철학을 이해하고, 한 인간의 천재성과 인생 역정을 옮겨 적는 일은 나에게 매우 힘든 작업이었다. 많이 부족하고 흥미롭지 못한 글로 평가되지나 않을까 노심초사하는 마음으로 이제 원고를 마감하려 한다.

　　이 책이 나오기까지 고생해주신 도서출판 **예신**Books 임직원 여러분께 감사드린다.

　　　　　　　　　　　　　　　　　　　　신 광 철 씀

차 례

차 례

행동하는
혁명가

한 사람의 인생이 그대로 역사가 되는 경우가 있다.

다산 정약용이 그랬다.

그의 인생이 역사가 되어 오늘의 등불이 되고 있다.

다산의 인생은 고난이었지만 그의 인생을 한 마디로 정리하면 혁명이었다.

뜨거운 것이 혁명이라지만 그의 혁명은 차가웠다.

빈곤한 시골 유배지에서의 경험과 통찰력으로 실천적 사상을 만들어 냈기 때문이다.

차갑고 냉정한 그의 사상은 후일 동학 혁명의 중심 사상이 되고, 이념이 되었다.

다산은 잔잔했지만 위대한 혁명가였다.

다산 정약용에게 배운다

- 인생이 힘들다고 말하지 마라
- 공부가 어렵다고 말하지 마라
- 사람을 사귐에 나이를 묻지 마라
- 성공에 집착하지 마라
- 사람을 의심하지 말되 다 믿지도 마라
- 전문성이 없다고 말하지 마라
- 여유가 없다고 말하지 마라
- 법리만을 따지지 마라
- 행동하는 이론가가 되어라
- 운명에 굴하지 마라

다산 정약용에게 배운다

1. **인생이 힘들다고 말하지 마라.**
    다산은 유배지에서 18년을 살았다.

2. **공부가 어렵다고 말하지 마라.**
    다산은 읽기도 힘든 500여 권의 책을 저술했다.

3. **사람을 사귐에 나이를 묻지 마라.**
    다산은 열 살 아래 혜장선사와 친구였다.

4. **성공에 집착하지 마라.**
    다산은 벼슬에서 멀어져 있을 때 큰 이룸이 있었다.

5. **사람을 의심하지 말되 다 믿지도 마라.**
    다산은 가까운 사람들에 의해 유배되었다.

6. **전문성이 없다고 말하지 마라.**
    다산은 수원 화성을 설계하고, 거중기 등을 발명했다.

7. **여유가 없다고 말하지 마라.**
    다산은 언제 죽을지 모르는 유배지에서도 차를 즐겼다.

8. **법리만을 따지지 마라.**
    다산은 늘 백성의 편에서 사건을 이해하고 판단하려 했다.

9. **행동하는 이론가가 되어라.**
    다산은 손수 농사를 지은 행동하는 지식인이었다.

10. **운명에 굴하지 마라.**
    다산은 버려졌지만 당당하게 세상을 살았다.

인생이 힘들다고 말하지 마라

다산은 유배지에서 18년을 살았다.

조용한 혁명가 다산 정약용. 그는 암울하고 무지했던 시대를 일깨운 혁명가였다. 하지만 그의 혁명은 너무나 조용했고 고독했다. 다산은 자신에게 무서울 만큼 냉정하고 철저했지만 오래되어 부패한 시대를 개혁해야 했기에 서두르지 않았다. 유배지에서 돌아온 이후에도 자신이 저술한 책을 살아있는 동안 세상에 내놓지 않은 것은 바로 이런 이유였을 것이다.

다산 정약용은 조선에서 태어나 조선에서 성장한 조선인이었다. 젊은 다산은 조국을 위해서 일했고, 자신의 철학을 위해서 당당하게 살았지만 그 소신은 한 순간에 무너졌다. 자신의 후원자였고 조선을 구할 이상적인 군주로 생각했던 정조 임금의 안타까운 죽음 앞에 그의 이상도 함께 사라졌다. 조선을 다시 일으킬 새로운 학문이라 생각했던 서학이 사악한 학문으로 전락되는 현장에 다산이 있었다.

공자는 나이 마흔을 사십이불혹(四十而不惑)이라 하여 사사로움에 마음이 흔들리지 않았다 하였는데, 다산은 나이 마흔에 마음만 흔들린 것이 아니라 모든 것이 무너져 내렸다. 사랑하는 가족과 이별해야 했고, 지식인으로서의 자존심이 무너지는 것을 바라보고만 있어야 했다. 그리고 끝내 선각자로서의 대우가 아니라 폐족이라는 슬픈 굴레를 뒤집어 쓴 죄인으로 전락하여 어둡고 척박한 오지에서 긴 유배 생활을 해야 했다.

유배는 조선 시대 형벌 중 하나였다. 왕으로부터, 조정으로부터, 그리고 가족으로부터 철저히 고립되는 것이었다. 당시 유교 국가인 조선에서 사람답게 살 수 있는 방법은 출세 밖에 없었다. 출세(出世)는 양반 핏줄의 젊은이가 열심히 공부하여 과거 시험을 보고, 세상으로 나아가 국가를 위하여 봉사하는 것이다. 무릇 양반의 자식된 자는 입신양명(立身揚名)이 지상 최대의 목표였던 것이다. 자신을 바로 세우고 충성을 다해 공무를 수행하는 것이 조선 선비들의 희망이었다. 젊은 다산도 예외 없이 세상으로 나가 그동안 공부한 학문을 실현하는 것이 자신의 영달이요, 가족 모두의 바람이라 믿었다.

출세하기 위해 불철주야 열심히 공부했고, 과거 시험을 통해 만난 국왕의 학문적 지식과 미래를 보는 능력에 매료되어 무능하고 부패한 조선을 개혁하려는 사람들과 서로 교류했다. 젊은 다산은 왕명을 받아 암행어사로서의 특별 임무를 수행하기도 했다. 곡산 부사직을 끝내고 조정의 일원으로 국가 경영에 참여했지만 스스로 선택한 천주교가 그의 발목을 잡았고, 의지했던 정조 임금의 갑작스런 죽음이 다산의 꿈을 물거품으로 만들고 말았다.

다산은 정치적 반대파의 모함과 천주교 박해로 인해 한창 일해야 할 나이인 마흔 살에 척박하고 가난한 시골로 귀양을 떠나게 되었다. 결과는 너무나 참혹했다.

사랑하는 가족과 눈물의 생이별을 하고 죄인의 신분으로 기약 없는 귀양을 떠나게 되는데, 이때 막내 자식의 나이가 겨우 3살이었다.

다산의 집안은 처참히 무너졌다. 천주교 박해로 말미암아 형제들이 참수 당하는 등 그 당시 다산이 홀로 감당하기에는 너무나 큰 사건이었다. 이때, 다산의 두 아들 학연과 학유는 각각 19살, 16살이었다. 한참 과거 준비에 열중하고 있는 두 아들에게 아비로서 해준 것이 죄인의 자식이라는 치욕적인 멍에뿐이었다. 얼마나 미안하고 막막했을까.

앞이 보이지 않는 캄캄한 죽음의 동굴을 지나가야 하는 다산은 보통의 벼슬아치들처럼 주저앉아 비관과 울분으로 유배 생활을 하지 않겠다고 다짐했다. 말로 다 표현할 수 없는 유배지의 척박한 일상에서도 일생일대의 큰 작업을 구체화시키기 시작했다. 조선을 바꾸어야 하는 엄청난 일이었다. 가난하고 힘이 없는 백성의 삶을 현장에서 지켜보고 그것을 기록하면서 가슴에 품고 있는 철학과 사상을 토해내기 시작했다. 그렇게 시작한 글쓰기는 점점 체계가 잡혀 갔고, 하나씩 발전되어 갔다. 다산의 위대함이 발휘되는 순간이었다.

글쓰기는 다산이 유배 초기에 하늘만 바라보고 푸념만 하다 죽음을 맞으면 자신의 생이 너무나 초라하고 억울할 것 같아 시작한 것이었지만, 점차 발전하여 오늘날 우리에게 귀감이 되는 큰 업적을 만들게 된다.

다산은 유배지에서 일표이서를 완성했다.

거친 유배지에서 세상을 바라보는 그의 눈은 더 밝아지고, 사상과 철학의 깊이는 단단해져 갔다. 그것은 다산의 힘이고, 의지의 발현이었다. 놀랍게도 유배 말년에 이룩한 저서들이 다산 학문의 완성판이었다.

다산의 최대 업적으로 불리는 일표이서(一表二書: 경세유표, 목민심서, 흠흠신서)가 유배지의 말년과 해배 직후의 성과였다. 『경세유표』를 지은 것도 유배 말년이었고, 『목민심서』를 집필한 것도 유배 말년이었다. 또한 유배에서 풀려난 후에도 마음의 고삐를 놓지 않고 『흠흠신서』를 완성했다. 다산의 무서운 의지와 결기였다.

천주교로 인한 가족의 와해

다산이 유배를 가게 되는 외적 요인은 천주교였다. 조선에서는 접해보지 못한 서양의 종교 철학, 신기술과 문명으로 대표되는 서학(西學)이 사학(邪學)으로 몰리면서 위기를 맞게 되었다. 서학만이 조선 사회를 바꿀 수 있다고 외치던 신진 세력들은 몰락했다. 그 몰락의 한복판에 다산의 집안이 있었다.

다산의 집안은 천주교 도입 시기에 중요한 역할을 하게 되는데, 그 이유는 서학과 천주교에 관심이 있는 사람이 다산의 친인척 중에 여럿 있었기 때문이다. 호기심 많은 젊은 다산은 자연히 낯선 천주교와 익숙해지게 된다. 모든 것이 과하면 탈이 나는 법. 조선의 근간을 이루고 있는 유교에서 천주교를 바라보면 천주교는 전통을 파괴하는 비정상적인 집단이었을 것이다. 정조 임금의 등극과 함께 빠르게 권력을 장악한 신진 세력들에 의해 권력의 중심에서 밀려난 반대편 정치인들에게는 새내기 권력을 한 번에 몰아낼 수 있는 좋은 기회가 온 것이었다. 예나 지금이나 큰 사건을 만들기 위해서는 정치가 개입되어야 한다. 결국 천주교는 조선의 미풍양속을 해치는 아주 나쁜 집단으로 여론이 확대되고, 다산의 가문과 주변 지인들은 크게 몰락하게 된다.

다산 가문은 이익 선생의 학통을 계승하면서 서학과 관련을 맺게 되었다. 다산은 특별히 모시는 스승이 현존하지 않았지만, 늘 가슴으로 존경했던 한 분을 스승으로 생각하였는데, 그가 성호 이익이었다. 틈틈이 성호 사상을 공부하면서 자연스럽게 이익 계통의 학자들과 친분을 쌓게 되고 서학도 접하게 되었다.

다산 집안의 서학, 즉 천주교와의 관계부터 살펴보자. 다산의 누이가 조선 최초의 영세 교인인 이승훈에게 시집을 가면서 이승훈은 자연스럽게 다산의 매형이 되었다. 당대 명망이 높던 이가환은 이승훈의 외삼촌이자 다산이 존경하는 이익의 종손이었다.

들여다볼수록 관계는 깊다. 조선 천주교의 창설 주역인 이벽은 다산의 맏형인 정약현의 처남이다. 다산은 이벽을 통해 처음 서학을 접하게 되었다. 또 백서(帛書) 사건으로 조선의 천주교도들이 핍박당하는 계기를 만든 것으로 유명한 황사영은 다산의 조카사위다. 여기서 잠시 황사영의 백서 사건을 들여다보면, 1801년(순조 1년)에 발생한 사건으로, 신유박해 때 황사영이 조선에서 천주교인들이 받았던 박해의 전말과 그 대책을 흰 비단에 적어 북경의 주교에게 보낸 사건이다. 황사영은 16세 때 진사시에 장원 급제한 수재였으며, 정약용의 맏형인 정약현의 딸 정명련에게 장가들었다. 둘러보면 모두 천주교와 관련된 집안이었다. 조선의 천주교 전래 과정에서 빼놓을 수 없는 집안이 다산의 집안이었다.

1784년, 명례방(지금의 명동)에서는 천주교 모임이 있었다. 그 자리에는 정약전, 정약종, 정약용 형제가 모두 참석했다.

다산의 멘토이자 친구 같았던 둘째형 정약전은 사돈댁 이벽과 어울려 지내다 자연스럽게 천주교에 입교하게 되었다. 그리고 다산 누이의 남편, 즉 매형 이승훈은 다산에게 학문적으로 큰 영향을 준 인물이자 다산에게 세례를 준 인물이다. 이승훈은 이벽의 지시에 따라 북경의 천주당에 가서 조선인 최초로 세례를 받고 돌아와 '이승훈 베드로'가 되었다. 천주교를 믿는 사람들이 늘어나고, 천주교를 공부하고 있는 사람들이 많았음에도 조선에는 아직 천주교 사제가 없어 이승훈이 사제를 대신해 교인들에게 세례를 주었는데, 이벽과 다산 두 사람도 이승훈에게 세례를 받았다. 다산의 셋째형 정약종은 다산의 친형제 중 가장 늦게 천주교에 입교했지만 신앙이 깊어 정약전이나 다산과 달리 끝까지 신앙을 버리지 않고 죽음을 선택했다. 순교였다. 정약종 자신뿐 아니라 처와 2남 1녀 자식들까지 모두 죽었다.

조금 더 살펴보면, 다산에게는 황사영이라는 제자가 있었다. 그 인연으로 맏형 정약현의 딸과 황사영이 결혼하여 조카사위와 처숙의 인연을 맺게 되었다. 두 사람의 혼배미사를 집전해 주었던 사람이 중국인 신부 주문모였다. 주문모 신부는 조선에 입국한 후 6년 동안이나 숨어서 전교 활동을 펼치다 결국 신유박해 때 처형되고 말았다. 주문모 신부의 처형 소식을 전해들은 황사영은 충북 제천의 토굴에서 중국 교회에 조선 천주교 재건에 대한 도움을 요청하는데, 이것이 이른바 '황사영 백서 사건'이었다. 그는 백서가 발각되면서 처형당하였다. 형벌 중에서도 가장 참혹하다는 '능지처참' 형을 받았다.

다산과 관계된 대부분의 가족들이 순교로 생을 마감하였지만 천주교를 믿지 않는 맏형 정약현만이 고향 마을에서 꿋꿋하게 가문을 지켜내고 있을 때 황사영 백서 사건이 터진 것이다. 한때 천주교에 빠졌다가 배교를 선언한 다산과 둘째형 정약전은 겨우 살아남아 먼 곳으로 유배를 떠나야 하는 신세가 되었다. 한 집안이 완전히 망가지는 순간이었다.

다산의 아버지인 정재원은 3명의 부인 사이에서 모두 10남매를 두었다. 첫 번째 부인은 24세로 요절한 의령 남씨로, 그의 소생이 큰 아들 약현이다. 두 번째 부인인 해남 윤씨와의 사이에서 약전, 약종, 약용 3형제와 누이가 태어났다.

아무튼 힘든 세월을 딛고 일어선 다산의 정신 세계는 세기를 뛰어 넘어 오늘의 사상이 되고 작품이 되었다.

귀양살이 보다 더 힘든 자식의 죽음

부모가 죽으면 청산에 묻고, 자식이 죽으면 가슴에 묻는다고 했던가. 부모의 죽음은 순리지만 자식의 죽음은 역리이다. 죽음에 순서가 있을 수 없지만 자식을 앞세워 보내는 것은 슬픔 중에서도 가장 큰 슬픔이다. 부모의 죽음도 견디기 힘든 일이지만 자식의 죽음은 쓰리고 아프다. 정약용이 유배지 강진으로 떠날 때 막내 아들이 3살이었다.

　무서운 국문장에서 목숨을 겨우 건진 다산은 낯선 시골로 유배를 왔다. 지친 심신과 가족의 안위를 걱정하며 하루하루를 보내고 있을 때, 눈에 넣어도 아프지 않을 어린 막내 아들의 죽음 소식을 듣게 된다. 하늘이 무너지는 심정을 어찌 말로 다 표현할 수 있겠는가.

네가 나를 보내던 모습이 생각난다
옷자락 부여잡고 놓아주질 않았지
돌아와도 네 얼굴엔 기쁜 빛이 없었고
원망하듯 그리워하듯 그런 기색만 비쳤지
마마로 죽는 거야 내 어쩔 수 없다지만
등창으로 죽었다니 무언가 잘못됐노라
웅황을 썼더라면 나쁜 기운 다스려
그런 독이 남몰래 자랄 수 없었을 텐데
인삼 녹용이나 달여 먹여 볼 것을
냉약이 어찌 그리도 망할 약이던가
지난 번 네가 모진 괴로움을 겪고 있을 때
애비는 한바탕 음주가무를 즐기고 있었노라
푸른 물결 한 가운데서 장구를 치고
술집 기생과 놀기도 했었노라

내 마음 거칠었으니 재앙받아 마땅하지
이러고서 내 어찌 징벌을 면할 손가
내 너를 소내(<ruby>苕川</ruby>)로 데리고 가서
서산 양지 쪽에 묻어 주리라
나도 장차 거기 가서 늙을 터이니
이 애비 의지하고 고이 잠들라

다산의 개인사는 불행했다. 불행이라는 표현보다는 지독한 아픔과 지난한 고난의 삶을 살았다. 조선의 대표적인 양반가에서 신동으로 태어났지만 다산의 인생은 가시밭길이었다. 무엇보다도 자식의 죽음을 많이 겪은 아버지이기도 했다. 다산은 풍산 홍씨와 결혼해 6남 3녀를 두었는데, 6남매가 홍역과 천연두로 목숨을 잃었고, 2남 1녀만이 살아남았다. 한 명이 아닌 여섯 자식의 죽음을 겪은 아버지의 비통한 마음을 어찌 말로 다 표현하겠는가.

다산의 위대함은 고난을 극복하는 자세에 있었다. 원망과 남탓을 할 시간에 문제의식을 가지고 원인을 찾아내고 해결하려 했다. 그 시대에 자식의 죽음을 속수무책으로 바라보기만 해야 하는 것이 어찌 다산 가족만의 일이었겠는가. 다산은 슬픔을 슬픔으로 끝내지 않고 6남매의 목숨을 **빼앗아간** 돌림병 홍역과 천연두에 대하여 공부하기 시작했다.

다산이 서른여섯 살 되던 해인 1797년, 다산이 곡산부사로 재직하고 있던 시기에 의학서인 『마과회통(麻科會通)』을 출간했다. 이 책은 당시에 돌림병인 천연두와 홍역의 증상과 치료법에 대해 중국과 조선의 의학서를 분석하고 재해석한 연구서이다. 서적만을 탐독한 것이 아니라 현장에서의 임상 경험을 토대로 저술했다.

다산도 두 살 때 천연두를 앓아 오른쪽 눈썹 위에 꽤 큰 흔적이 남아 있었다. 그 흉터가 얼핏보면 눈썹이 세 개인 것처럼 보여 그를 삼미자(三眉子)라 부르기도 하였다. 다행히 당대의 명의 이헌길의 진료 덕분에 살 수 있었다.

조선 시대 돌림병인 홍역은 높은 열에 기침을 동반하며 몸에 발진이 일어나는 증상이 있다. 병세가 심하면 죽거나 불구가 되는데, 천연두와 초기 증상이 비슷하다. 당시에는 천연두를 두창(痘瘡)이라 하고 홍역을 마진(麻疹)이라 하였다. 이 두 가지 병은 인류를 가장 오래 괴롭혀 왔던 대표적인 병으로, 걸리면 죽음을 부를 수 있는 무서운 병이었다. 신라 선덕왕과 문성왕도 이 병에 걸려 죽었으며, 고려와 조선 시대에도 많은 사람들이 홍역과 천연두에 걸려 죽는 일이 많았다. 어느 해에는 만여 명 이상이 목숨을 잃었다는 조사 결과도 있다. 조선 숙종과 영조 시대에는 이 병들과 관련된 전문의를 내의원에 둘 정도로 나라가 직접 홍역에 대비했다. 얼마나 무서웠으면 왕이나 왕족을 칭하는 마마라는 말을 천연두에 붙여 사용했을까.

『마과회통』은 이헌길이 지은『마진기방』을 바탕으로 마진의 원인과 증상 및 감별 진단, 중국식 치료법, 조선식 치료법, 정약용의 의학 견해, 치료 처방, 본초 약재에 대한 내용들을 체계적으로 기술하고 있다. 마과회통은 조선 홍역학의 최고봉이며, 한국 의학사에서 보기 드문 홍역 전문 의학서이다.

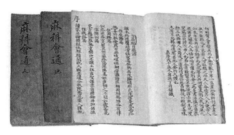

『마과회통』. 출처: 다산연구소

다산은 이 책의 서문에 이렇게 적었다.

"병든 사람을 치료할 의사가 없는 상황이 너무나 오래 지속되었다. 의사를 업으로 삼는 것은 이익을 위해서인데, 홍역은 대개 수년 또는 수십 년 만에 한 번 발생하므로 홍역 치료만을 업으로 해서 무슨 이익이 되겠는가."

다산은 자식을 잃은 부모의 마음으로 의학에 대해 공부했고, 조선의 백성을 위해 저술했다. 많은 사람이 죽어갔으나, 의사들이 쉽게 치료하지 못하고 오히려 회피하는 현실을 안타까워하며 각종 치료법을 수집했다. 다산은 어려움이 오면 피하지 않고 극복하려는 의지를 보이며 쉴 틈 없이 공부하고 글쓰기에 매달렸다. 그는 진정으로 위대한 선지자였다.

공부가 어렵다고 말하지 마라

다산은 읽기도 힘든 500여 권의 책을 저술했다.

한 달에 다섯 권을 읽어도 10년을 읽어야 할 분량을 저술

다산이 저술한 책은 500여 권이다. 참고로 과거 조선 시대의 권과 책이 가지는 기준이 지금과 차이가 있어 개념을 정리할 필요가 있다. 조선 시대에 권은 내용에 따라 편을 나눈 것이어서 지금의 단원과 같은 의미이고, 책은 지금 우리가 알고 있는 도서의 한 권, 두 권을 의미한다. 예를 들어, 『목민심서』 48권은 단원을 세는 단위다. 내용이 48개의 단원으로 나눠져 있다는 뜻이다. 『목민심서』를 보면 권지일, 권지이, 권지삼 …… 권지사십팔로 되어 있다. 48권을 3권씩 나누어 16책으로 만들었다. 『목민심서』는 현재 우리들이 알고 있는 개념으로 48개 단원으로 되어 있는 것을 3개 단원씩 나누어 16책으로 만들었다는 의미다. 『경세

유표』는 44권 15책이고, 『흠흠신서』는 30권 10책이다. 일표이서로 대표되는 다산의 저술량만 계산해도 122권 41책이다.

지금의 기준으로 보면 다산이 쓴 책의 양이 그리 많지 않을 수 있겠지만 조선 시대의 책들을 들여다 보면 확연하게 이해가 된다. 그 당시의 책은 종이 질도 좋지 않을 뿐더러 대부분 붓으로 한 글자 한 글자 정성을 들여 직접 손으로 쓰는 것이 대부분이었다. 유럽의 중세 시대에 수사 한 사람이 성경책을 한 권 필사하는 데 약 1년 정도의 시간이 걸렸다고 한다. 책 한 권을 쓰는 데 얼마나 많은 시간과 경비가 드는지 짐작할 수 있다. 종이를 준비하고 먹을 갈아 한 글자 한 글자 붓을 사용하여 글을 쓰는 일은 컴퓨터 자판을 두드리면 글자가 새겨지는 지금과는 비교할 수가 없다. 다 쓰고 나면 엄청난 양의 종이를 말려서 정리하고 보관해야 한다. 그것을 다시 책으로 엮는 과정은 복잡하고 손이 많이 간다. 오죽하면 다산은 글을 쓰면서 복숭아뼈가 드러나고 이가 빠졌다고 했겠는가.

책을 읽는 것과 책을 쓰는 것은 차원이 다르다. 책을 읽는 것은 시간과 노력을 기울이면 누구나 할 수 있다. 그러나 책을 쓰는 것은 다르다. 충분한 자료를 모으고 전체를 이해한 다음 주제를 정하여 목차를 구성하고 내용을 짜임새 있게 정리해 나가야 한다. 마음을 집중하고 써내려 가는 작업이 쉽지는 않다.

다산은 거친 유배 생활과 집안의 몰락으로 정신을 집중하기 어려운 상황이었음에도 마음을 다잡고 글쓰기에 몰입했다. 무엇인가를 하지 않으면 견딜 수가 없었다.

다산은 일생동안 총 500여 권이 넘는 책을 저술했다. 한 달에 다섯 권을 읽어도 10년을 읽어야 가능한 분량이다. 다산의 저서는 1960년대까지 경서 241권, 문집 268권, 잡문전편 36권, 잡문후편 24권 등 569권과 여기에 포함되지 않은 시편 3,000여 수가 있는 것으로 알려졌었다. 그러나 1970년대 이후 강진에서 발견된 19종의 도서를 비롯해 여유당 속집 43권과 아직 찾아내지 못한 『경세유표 별본』 등을 포함하면 그 수가 훨씬 많다.

다산이 세상을 떠난 지 100년 만에 여유당 전집을 간행한 사학자 정인보는 다산의 학문적 평가를 이렇게 정리했다.

> "한자가 발명된 이래 최대의 학술서를 저술한 사람은 다산 정약용 선생이다."

최고의 찬사였다.

다산의 글쓰기 집념은 무서웠다. 아들에게 편지를 쓰면서 "어깨가 저려 다 쓰지 못하고 이만 줄인다."라고 할 정도로 글쓰기의 양이 많았던 것이다. 또 다른 일화가 있다. 그의 제자 황상은 "내 스승이신 다산께서는 이곳 강진으로 귀양와 스무 해 가까이를 계셨다. 긴 세월 동안 날마다 저술에만 몰두하여 바닥에 닿은 복사뼈에 세 번이나 구멍이 났다."라고 증언하였다. 이것을 일러 과골삼천(髁骨三穿)이라 했던가. 한국인은 앉을 때 의자를 사용하지 않고 바닥에 양반다리를 하고 앉는다. 양반다리를 하고 앉으면 가장 힘을 받는 곳이 복사뼈 부분이다. 일반인은 한 시간 정도 앉아 있기만 해도 복사뼈 부분이 눌려 아프고 오금이 저려 온다. 얼마나 오래 같은 자세로 앉아 있었으면 복사뼈가 문드러지고 뼈가 보였을까.

다산에게는 살아남아야 한다는 절박함이 있었다. 가문을 자신의 힘으로 일으켜 세우겠다는 의지와 역사에 오명을 남기고 죽어서는 안 된다는 절치부심의 선언이 바로 저술 작업이었을 것이다. 물론 지식인으로서 내 나라 조선을 바로 세워야한다는 의무감 같은 것도 있었겠지만…….

다산의 글쓰기는 목적이 뚜렷하다

다산의 글쓰기는 유배 전과 후로 나누어 볼 수 있다. 유배 전의 저술에는 조선의 현실과 당면한 문제들을 다룬 실용적인 내용이 많았고, 유배 생활 이후의 저술에는 조선의 미래와 변화에 필요한 이상적인 글이 많았다.

물론, 귀양살이를 하는 다산의 입장에서는 명문가의 귀한 아들로 태어나 최소한 죄인으로 낙인찍힌 채 죽어서는 안 된다는 절실함과 입신양명을 꿈꾸며 벼슬아치가 된 이상 백성들을 위해 무엇 하나라도 공헌해야 한다는 두 마음이 공존했을 것이다. 다산이 유배지에서 아들에게 보낸 편지에서 그 심정이 드러난다.

> "내가 저술에 마음을 두고 있음은 당장의 근심을 잊고자 함이 아니다. 한 가정의 기둥인 아버지가 귀양살이를 하게 되었으니 졸작이라도 남겨 나의 허물을 벗고자 하는 것이다. 어찌 그 뜻이 깊다고 하지 않겠느냐?"

다산은 또 다른 편지에서도 아들에게 이렇게 편지를 썼다.

> "훗날 내가 쓴 책들을 읽고 알아주는 사람이 있다면, 아버지나 형제의 예로 대하고 그 관계를 유지하라."

다산은 자신의 책이 여러 사람들에게 두루 읽혀지기를 간절히 바랐다. 조선을 개혁하는 데 큰 역할을 할 수 있다고 자신했기 때문이다.

다산이 집중하며 글을 쓸 수 있었던 것은 많은 독서와 체험 그리고 사유의 힘이었다. 글쓰기의 기본인 독서를 즐겼고, 아버지의 부임 장소에서 간접 경험한 많은 일들과 암행어사 시절에 목격한 백성들의 고달픈 삶, 배우지 못한 약자들 위에서 군림하는 목민관들의 탐욕을 확인한 것이 저술의 밑거름이 되었다.

다산이 바라본 조선은 너무 가난했다. 가난하여 희망조차 꺼져가는 조선을 바라보며 다산은 고민했다. 부강한 나라를 만들기 위한 최고의 선택은 나라를 다시 세울 만큼의 개혁뿐이라 생각했다.

나라를 운영하는 고위공직자의 기본 철학부터 다시 세워, 젊은 선비들에게 이상을 추구하는 학문보다 실질적이고 유용한 것을 가르쳐 그것을 검증토대로 삼아 인재를 뽑아야 한다고 생각했다. 그렇게 하여 새로운 국가 조직이 완성되면 목민관들도 실질적인 가치관으로 정치를 할 것이라 생각했다. 이것은 다산이 서학에 관심을 가지게 된 이유 중의 하나이기도 했다.

다산의 일표이서로 대표되는 『경세유표』는 국가의 행정 기구나 제도의 개혁 원리를 제시한 책이다. 한마디로 국가 조직을 개혁하고 바로 세우는 작업이다. 책 이름을 '유표(遺表)'라 한 것은 다산 자신이 죽은 후에 왕에게 올리는 글이라는 의미로 해석된다.

그래서 일까. 다산은 『경세유표』를 저술하다가 완성하지 않고 『목민심서』를 먼저 집필하게 된다. 다산은 이 부분에서 많은 고민을 하였을 것이다. 적어도 죄인이 조선 사회의 기본 틀을 개혁한다는 것은 정쟁의 불씨가 될 수 있고 명분에도 맞지 않는 일이라 생각했을 것이다.

정약용이 늘 강조해 온 지도자들이 읽어야 할 『목민심서』는 '조선이 겪고 있는 지긋지긋한 가난은 목민관들의 올바른 가치관과 정치로 충분히 해결할 수 있다.'라는 생각으로 목민관의 마음 자세부터 행동 지침에 이르기까지 구체적으로 기술하였다.

『흠흠신서』도 『목민심서』와 마찬가지로 법을 집행하는 지도자들이 공부할 수 있게 법과 형벌에 대한 기본 원칙과 태도, 마음가짐 등을 소상히 기술하였다.

다산의 저술 의도는 뚜렷했고, 신념은 확실했다. 개혁은 더 이상 미룰 수 없는 국가의 과제였다. 강진 유배지에서 풀려나지 못하고 죄인으로 죽는다 해도 가족과 나라를 위한 일에는 밤낮을 가리지 않고 고민하고 실천했다.

정조의 800개 질문에 답하다

다산은 28세 되던 해인 1789년에 초계문신(抄啓文臣)에 발탁되었다. 초계문신은 국왕 직속의 학문 공간으로 규장각에 소속되어 왕과 직접 대면하며 공부하는 젊은 문신을 말하는데, 젊은 다산은 『대학』을 주제로 한 정조와 초계문신 간의 토론 내용들을 그때그때 꼼꼼히 기록해 두었다. 다산에게는 듣고 말하며 핵심을 잡아내는 능력이 있었다. 분야별 토론에서부터 종합 토론까지 전체 기록을 집으로 가지고 와 처음과 끝이 일관되게 정리하여 한 권의 책으로 편찬했다. 『희정당대학강의(熙政堂大學講義)』
가 바로 그 책이다.

또한, 다산이 30세 되던 해에 정조 임금이 『시경』에 관해 한꺼
번에 무려 800여 가지의 질문에 답하라는 지시를 내리지만 다산
은 몰입하여 공부한 명쾌한 답안지를 정조에게 제출한다.

다산의 글쓰기는 체계가 있었다. 『시경』의 체제에 따라 단원을
구분하고 인용된 각종 고문들을 찾아 해당 내용을 일목요연하게
옮겨 적었다. 또한 별도로 부록을 만들어 질문에 대한 답변도 짧
게 적었다.

규장각에서 활약한 정약용

정조는 학자 중에 학자였다. 공부를 많이 한 만큼 깊이도 있어 어설프게 공부한 신하는 정조의 면전에서 무안을 당하기 일쑤였다. 정조의 질문은 시경과 관련된 여러 책들에서 핵심을 뽑아 질문한 것이라 그 답변은 방대할 수밖에 없었다. 다산은 질문을 앞에 놓고 해당 내용이 인용된 서책이나 자료를 샅샅이 뒤져 꼼꼼하게 정리한 후 답변했다. 정조와 다산의 문답 장면은 대학자들의 토론 그 자체였다.

공부하는 군주의 면모가 질문 속에 들어 있고, 답변하는 다산의 학문적 역량이 드러나는 순간이었다. 정조의 해박한 질문에 다산의 명쾌한 답변은 막힘이 없었고 확실한 논증까지 제시하는 치밀함에 정조는 놀랐다.

정조는 매우 만족하며 붓을 들어 다산의 답변에 대한 평을 적었다.

> "널리 백가(百家)를 고증하여 답하는 것이 끝이 없도다. 진실로 평소에 공부한 바가 깊고 넓구나. 내가 물어본 참뜻을 그대는 저버리지 않았으니 이를 가상히 여기노라(泛引百家 其出無窮 苟非素蘊之淹博 安得有此 不負予顧問之意 深用嘉尙)."

다산은 정조의 800문답에 대한 미흡했던 답변을 18년 뒤 강진 유배지에서 보충하여 책으로 만들었다. 당시 다산은 중풍을 앓아 책의 집필이 어려워지자 제자 이정을 시켜 자신의 구술을 기록하게 했다. 이처럼 다산의 저서는 쉽게 만들어진 것이 아니라 오랜 세월 끝에 완성된 것이 대부분이다.

정조와 다산의 문답

사람을 사귐에 나이를 묻지 마라

다산은 열 살 아래 혜장선사와 친구였다.

나이는 숫자에 불과했다

현실에서는 다소 어려운 일이겠지만 나이와 신분을 따지지 않고, 상하좌우 직업에 따른 구분이 없어야 사람을 널리 사귈 수 있다.

다산이 평생 가장 가까이서 마음을 열고 만난 사람은 혜장선사였다. 두 사람은 순수했고 이해 관계가 없었다. 다산과 혜장은 나이 차이뿐만 아니라, 유학자와 승려로 신분이 완전히 달랐다. 다산이 원칙적이고 규범적인 인물이라면 혜장은 파격적이고 탈속적인 인물이었다. 서로 다른 두 사람의 만남이었다.

모든 인연은 우연을 가장해서 온다는 말처럼 두 사람의 만남은 우연이었지만 인연으로 이어졌다. 지치고 황폐해진 마음으로 유배지 강진에 도착한 다산은 누구에게도 먼저 다가갈 수가 없었다. 마음을 열지 못하는 것은 자신뿐 아니라 시골 유배지 강진 마을 사람들도 마찬가지였다. 사화를 겪으면서 멸족을 당해 유배 온 죄인과 잘못 엮이면 낭패를 보거나 처형을 당할 두려움이 있었다. 사람들은 다산을 경계하고 멀리했다. 그때 세상이 버린 다산을 받아준 사람이 있었다. 주막집 할머니였다. 세상의 풍파를 다 겪은 주막 할머니가 다가와 방도 내어주고 밥도 주었다. 다산은 고마웠다.

이 주막 할머니의 소개로 백련사 주지스님 혜장선사를 만났는데, 그때 스님의 나이 서른네 살로 다산보다 열 살 아래였다. 혜장과 다산은 한나절의 대화 끝에 서로의 철학과 학문의 깊이를 확인하였다. 혜장은 다산과 함께 산사에 묵으며 주역에 대해 깊은 토론을 하기도 했다. 혜장은 불교에 관한 지식뿐만이 아니라 주역에 대해서도 해박한 학식을 가진 승려였다.

그해 겨울에 다산은 백련사의 말사인 고성사 보은산방으로 거처를 옮기게 된다. 다산을 위한 혜장의 배려였다. 강진읍 북산 우두봉의 고성사에 있는 보은산방 생활은 3년 동안 이어졌다. 다산과 혜장은 보은산방에서 역학과 주자학은 물론 불경을 논하기도 하고 차를 마시면서 차에 대한 예찬론을 펴기도 했다. 때로는 시를 쓰면서 다산과 혜장의 우정은 더욱 깊어만 갔다.

둘의 만남은 다산의 나이 마흔네 살, 혜장의 나이 서른네 살로, 강진 유배 생활 5년 차 되는 1805년에 이루어졌다. 하지만 두 사람의 친교는 오래가지 않았다. 혜장은 자신을 돌보지 않는 파격적인 행동으로 젊은 나이에 병을 얻어 1811년 세상을 떠나게 된다.

내가 가지지 못한 생각을 가진 사람이 스승이다

다산은 1808년 47세 되던 봄에 거처를 다산초당으로 옮겼다. 처음 그곳은 주방 시설이 갖추어지지 않은 열악한 곳이었다. 그것을 잘 아는 혜장은 젊은 승려를 보내 다산의 밥과 차시중을 들게 할 만큼 다산을 배려하는 마음이 각별했다. 「다산화사」라는 시에 당시의 모습이 보인다.

> 대밭 속의 부엌살림 중에게 의지하네
> 가엾은 중은 수염과 머리털이 날마다 길어진다
> 이제와 불가 계율 모조리 팽개치고
> 싱싱한 물고기 잡아다 국까지 끓였구려

승려가 귀양 온 유학자를 위해 살생을 금하는 불가의 율법을 어기고 생선 요리를 해줄 수 있다는 것은 혜장의 우정과 배려가 얼마나 깊었는지 짐작할 만하다. 둘은 공자와 부처가 되어 때로는 격돌하고 때로는 화합했다. 두 사람이 만날 때에는 항상 차가 있었다. 다산은 스무 살 이전에 이미 물을 바꿔가며 차를 끓이고 맛을 시험해 볼 정도였다.

　다음은 다산이 혜장선사에게 차를 보내 줄 것을 부탁하며 쓴 「걸명소(乞茗疏)」의 일부이다.

　　　……

　　　아침에 꽃이 처음 필 때
　　　구름이 맑은 하늘에 떠 있을 때
　　　낮잠에서 깨어날 때
　　　밝은 달이 산 개울에서 멀어져 갈 때
　　　솥물은 작은 구슬되어 설산에 날고
　　　등불은 자순차 향내에 나부끼도다
　　　야외에서 깨끗한 물로 차를 끓이니
　　　신선께 바치는 백토(白兎)의 맛이로세
　　　꽃그림 붉게 피어난 옥사발
　　　화려함은 노공을 따르지 못하고
　　　돌솥의 푸른 연기
　　　한자(韓子)의 소박함엔 미치지 못하나
　　　끓는 물을 게 눈, 물고기 눈에 비유하던
　　　옛사람의 취미를 부질없이 즐기는 사이
　　　궁궐의 진귀한 용단봉병은
　　　이미 다 비워서 빈 그릇이라
　　　땔 나무 조차 할 수 없는 아픈 이 몸

오로지 차를 구하고자 할 뿐이니

고해의 다리를 건널 때

가장 중한 것이 보시라 들었소

명산의 묵은 고액

서초(瑞草)가 으뜸일 터

마땅히 갈망하는 이 염원

저버리지 말고 파도 같은 은혜 베풀기 바라오

……

  왕에게 올리는 글을 소(疏)라고 하는데, 비슷한 심정으로 혜장
선사에게 편지를 썼다. 장난기가 섞였으나 차 맛을 진실로 아는
다인의 학식과 면모를 읽을 수 있다.

차를 마시며 철학과 학문에 대해 논하는 다산과 혜장선사

차에 관한 다산의 저서로는 『다암시첩』, 『다신계절목』 등이 있으며, 차와 관련된 시도 47편이나 된다. 다산이라는 호를 즐겨 사용한 것을 보면 그의 차 사랑을 알 수 있다.

이렇듯 차를 사랑한 다산과 혜장선사의 인연은 초의선사에게까지 이어진다.

혜장은 마흔의 젊은 나이에 죽었는데, 그는 죽기 전 동승티를 갓 벗어난 준수한 젊은 스님을 데리고 나타났다. 자신이 죽은 후 자기 대신 젊은 스님과 우정을 나누라는 듯 젊은 후학을 소개시켜 주었는데, 그가 바로 초의선사였다. 다산과의 나이 차이는 무려 스물네 살이었다. 그 당시로 보면 부모와 자식의 나이 차이였다. 위계질서를 중히 여기는 조선 사회에서 나이 차가 많을 경우 친교가 어려웠지만 다산과 초의선사 역시 혜장과의 그것처럼 아름다운 인연을 유지했다.

사실 초의선사는 다산을 만나고 나서 그를 정신적 스승으로 여기며 존경하였다. 둘은 해남의 대흥사와 다산초당을 오가며 차를 마시고 시나 그림에 대해 토론하였다.

1813년 초의가 지은 시 중에 「비에 막혀 다산초당에 가지 못하고(阻雨未往茶山草堂)」라는 작품이 있다.

나홀로 자하동을 생각하면
우거진 꽃나무가 떠오르네
장맛비 힘들게 서로를 막아서
채비를 해놓고 스무날을 보냈네
어르신 명 심하게 저버려도
진실한 내마음 알릴 길이 없구려
별과 달이 한밤중에 드러나고
구름은 맑은 새벽에 흩어지누나
기쁜 맘 길 떠날 계획에
물색마져 참으로 신선하고 곱도다
옷자락 걷어 내를 건너고
머리를 숙여 대숲을 지나
만폭교에 걸음이 멈추니
하늘이 다시 흐릿해지고
골바람 숲을 흔들어 일더니
흐르는 빗물이 산자락을 덮네
물방울 날아 수면 위를 뛰고
잔잔한 무늬는 비늘처럼 이네
가던 걸음 멈춰 되돌아오니
안타깝고 원통함 형언하기 어렵네
……

초의선사는 해남 대둔사 일지암에서 40여 년간 수행하면서 선 사상과 차에 관한 저술에 몰두하여 큰 족적을 남긴 승려이다. 당시 침체된 불교계에 새로운 선풍을 일으킨 대선사이며, 명맥만 유지해 오던 한국 다도를 중흥시킨 다성(茶聖)으로서 지금까지 추앙을 받고 있으며, 시서화(詩書畫)에 능통하였다.

혜장선사는 이미 자신의 죽음을 예견이나 한 듯 그렇게 다산과의 인연을 초의에게 이어놓고 갔다. 다산은 혜장을 그리워하며 「혜장지(惠藏至)」를 지었다.

> 반듯하고 어질며 호탕한 사람
> 이따금 홀연히 산속을 나선다
> 눈 녹은 비탈길 미끄럽고
> 모랫가의 집들은 으슥하건만
> 얼굴에는 산중의 즐거움 가득하고
> 몸만은 저무는 한 해의 마음 같도다
> 말세의 인심 비루하고 야박한데
> 이렇게 진솔한 사람 요즘에도 있네

혜장은 승려의 신분으로 술을 즐기고 유학을 공부하는 파격적인 인물이었다. 후일 사람들이 혜장선사를 일러 해동의 두보라 하였다.

다산은 혜장선사가 떠난 후 형 정약전에게 보낸 편지에 이렇게 적었다.

"대둔사에 승려 한 분이 있었는데 나이 마흔에 죽었습니다. 이름은 혜장, 호는 연파, 별호는 아암, 자는 무진이라고 하는데 본래 해남의 미천한 집안에서 태어났습니다. 그는 불교를 독실하게 믿었지만 주역의 원리도 공부했습니다. 지나친 호탕함에 건강을 그르쳤음을 깨닫고 후회하였지만 6, 7년 후에 배가 불러오는 술병으로 죽었습니다."

성공에 집착하지 마라

다산은 벼슬에서 멀어져 있을 때 큰 이룸이 있었다.

유배지를 그리워한 다산

사회가 요구하는 성공의 의미는 돈, 권력, 명예로 집약되고, 우리는 그것을 가지려고 평생을 처절하게 경쟁하며 살아간다. 그러나 스스로 무엇을 얻기 위해 이 땅에 태어난 것이 아니라, 어떤 일을 하기 위해서 태어난 사람이라고 생각을 바꾸는 순간 성공의 의미는 크게 달라지는 것이다.

조선 시대에도 지금과 같이 입신양명을 성공이라고 정의했다면 우리는 그 길을 걸어간 수많은 조선의 선비들을 왜 추앙하지 않고, 오히려 정상에서 쫓겨난 다산의 거칠었던 삶을 교훈으로 삼는 것일까?

다산의 유배 생활은 긴장의 연속이었다. 언제, 어떤 어명이 내려올지 모르는 불안함과 엘리트 그룹에서 버림받았다는 생각이 머릿속을 떠나지 않고 있었다. 하지만 유배 생활을 끝내고 난 후의 기록을 보면 놀랍게도 다산이 유배지를 그리워한 순간들이 있다.

> "내가 다시 다산으로 편히 돌아갈 일 없으니 마치 죽은 목숨 같구나."

놀라운 반전이다. 인생을 돌아보니 유배지에 있을 때가 진정산 것처럼 살았다는 의미다. 조선의 양반가에서 태어나 귀엽게 자란 다산의 젊은 시절은 득의양양했다. 열심히 공부하여 뜻한 바를 이루고 우쭐대던 때도 있었다. 과거 시험에 합격하여 존경하는 정조를 만나, 하는 일마다 인정받는 영광도 누렸다. 덕분에 임금과 함께 국사를 논하고, 세상을 바꿀 수 있다는 용기도 생겼다. 암행어사가 되어 절대 권력의 간접 경험도 해보았고, 곡산부사가 되어 한 고을의 입법, 사법, 행정의 삼권을 손에 쥐고 통치도 해봤다. 왕의 최측근이 되어 부와 명예를 가졌지만 결과는 참혹한 몰락이었다. 집안은 돌이킬 수 없을 만큼 무너졌고, 자신은 죄인이 되어 유배를 당했다. 거친 유배지에서 처음으로 양반이 아닌 미천한 주막집 노파와 세상 돌아가는 이야기를 하고 아이들을 가르치며 삶의 활력을 얻기도 하였다.

불행이었지만 다산이 처음으로 자유 시간을 가질 수 있었던 곳은 시골 양반의 일상과 가난한 평민들의 삶을 경험한 유배지였다.

살면서 우리 인간은 얼마나 자신만의 시간을 가질 수 있을까? 나만의 시간, 온전하게 나를 돌아보고, 나의 실체를 확인할 수 있는 시간은 그리 많지 않을 것이다. 다산은 유배 기간 내내 벼슬살이 한 시간들을 냉정한 눈으로 되돌아보게 되었다.

세월이 지나 고향에 돌아온 늙은 다산은 유배지를 많이 그리워했다. 인생의 깨달음은 실패에서 얻고, 오만함은 한 줌의 성공에서 배우는 것이 세상의 이치다. 실패자가 된 다산은 유배지에서 사람이 살아가는 데 진정으로 중요한 것이 무엇인가를 깨달았고, 깨달은 바를 실천으로 옮긴 시대의 스승이었다.

내가 원하는 일을 하라

지식인 정약용에게 귀양살이는 아픔이고, 굴욕적이었지만 그의 인생에 있어 유배는 큰 이룸의 시간이었다. 굴욕적인 시간들을 영광으로 바꿀 때 필요한 것은 무엇보다 극기가 우선이다. 그는 자신을 끝없이 채찍질하며 부끄럼 없는 삶을 살고자 노력했고, 게을러지려는 자신을 일으켜 세우며 저술에 힘썼다.

다산은 고향으로 돌아온 지 4년 후 회갑 때 자신의 묘지명을 쓰게 된다. 묘지명은 죽은 사람의 일생을 간략하게 정리해 밝히는 것으로 대개 가까운 친지가 쓰게 되는데, 다산은 자신이 직접 묘지명을 썼다. 이것이 「자찬묘지명」이다. 일종의 자서전인 셈이다.

이 무덤은 열수(洌水) 정약용의 묘다. 이름은 약용(若鏞), 자는 미용(美庸), 호(號)는 사암(俟菴)이다. 아버지의 이름은 재원(載遠)이며, 음직(蔭職), 즉 과거 시험을 보지 않고 조상의 덕에 의하여 얻은 벼슬아치로 진주목사까지 지냈다. 어머니는 숙인(淑人) 해남 윤씨이며, 약용을 영조 38년 임오년 6월 16일 한강변의 마현리에서 낳았다.

…… 〈중략〉 ……

약용의 무덤은 집 뒤의 언덕으로 정했다.

임금의 총애 입고
궁궐에 들어갔네
임금의 복심되어
아침저녁 섬겼도다
하늘의 총애 입고
어리석음 깨우쳤네
육경(六經)을 연구하여

오묘한 이치 조금은 알았도다

소인배 이미 세력을 펼쳤지만

하늘이 너를 귀하게 쓰셨으니

거두어 간직하여

먼 훗날 꿋꿋하게 행하리라

〈출전 : 여유당전서 시문집 제16권〉

　이 책에서 전체를 다 옮겨 적을 수 없어 생략하지만 어디 하나 주관적인 내용은 들어가 있지 않았다.

　한강변에서 태어난 정약용은 열수라는 호를 즐겨 사용했는데, 열수는 한강을 가리키는 말이다. 잘 알려진 다산(茶山)이라는 호는 유배지였던 강진의 산 이름이 다산이어서 얻게 된 것이다. 또 사암(俟菴)은 회갑 무렵에 '다음 세대를 기다리며'라는 의미로 지은 호이다. 생전에 본인의 철학, 학문 및 업적을 알아줄 사람이 없어 다음 세대를 기다릴 수밖에 없다는 안타까움이 묻어 있는 듯하다.

　다산은 안과 밖이 한결같은 사람이었다. 자신은 물론 타인에게도 매사에 엄격할 것을 주문했다. 그가 완성한 500여 권의 방대한 책은 그의 엄격함과 집요함이 없었다면 불가능했을 것이다.

인생에 있어 성공이란 무엇일까?

그것은 아마도 사람으로 태어났으니 사람답게 열심히 살아내는 일일 것이다. 나에게 주어진 숙명 같은 삶을 열심히 살아내는 것만으로도 작은 성공일 테니까.

사람을 의심하지 말되 다 믿지도 마라

다산은 가까운 사람들에 의해 유배되었다.

적은 가까운 데 있었다

멀리 떨어져 있는 적이 나를 공격해 온다면 비록 다급하겠지만 조금의 준비 시간은 있다. 하지만 가까이 있는 적이 갑자기 나를 공격한다면 준비할 시간도 없이 속수무책으로 피해를 당할 수밖에 없다.

> 내게서 등을 돌린 그들을 어찌 탓하겠는가
> 그들에게 속내를 모두 보여준 내 잘못이 클 뿐인데
> 국화꽃 활짝 핀 날 궁궐에선 시화가 열리고
> 단풍나무 아래선 연회도 열렸지
> 그때마다 나는 천하를 다 얻은 듯 의기양양 했었지
> 그들도 그때엔 다 내 맘 같아 서로 허물이 없었건만

이제 내가 쓰러지니 모두들 달려와 나를 물어뜯고 있네
두 눈을 크게 뜨고 달려드는 그들 모습 넋 놓고 지켜보다
잠시 희미해진 눈으로 한양 쪽을 바라보니
먼지만 자욱할 뿐 아무것도 보이지 않네

매사에 철저했던 정약용도 가까이 있는 적의 공격을 피하지 못했다. 사사건건 다산을 괴롭힌 대표적인 인물이 서용보였다. 1794년 경기도 일대를 살펴보기 위해 어명을 받들고 암행어사로 나간 적이 있다. 이때, 평생 다산을 힘들게 하는 일이 일어났다. 바로 서용보와 관련된 일이었다. 서용보는 권력 욕심에 눈이 멀어 지역 향교의 땅을 당시 정승의 묘지 터로 사용하도록 뇌물로 바쳤다.

서용보는 싼값에 향교를 사들이기 위해 이곳의 지형이 풍수상 불길하다는 거짓 소문을 만들어 고을 주민에게 퍼뜨렸고, 그것에 반대하는 지역 유림을 협박하여 터무니없이 싼값에 향교를 구매해 그 땅을 정승에게 바친 사건이었다. 다산은 이 소문에 대해 꼼꼼히 조사한 후 서용보의 주변 인물들을 곧바로 체포해 처벌했다. 또한 관찰사인 서용보가 관청의 곡식을 백성에게 팔아 비자금을 마련할 때, 값을 시장 가격보다 비싸게 팔아 고을 백성의 원성을 산적이 있었다. 다산은 이러한 서용보의 비행을 정조에게 낱낱이 보고하여 경기도 관찰사직에서 해임시켰다.

이후 앙심을 품은 서용보는 호시탐탐 반격의 기회를 노리고 있었다. 1801년 2월 천주교 박해 사건인 신유사옥 때 다산은 죄가 무겁지 않으니 석방시켜 다시 국가에 봉사할 기회를 주어야 한다는 여론이 다수였다. 그러나 서용보의 극심한 반대로 다산은 포항 장기로 유배를 가게 되었다. 같은 해 10월 황사영 백서 사건에 휘말려 한양으로 압송된 다산은 가혹할 정도의 고문과 조사를 받았지만 특별한 죄가 없음이 밝혀져 풀려날 수 있었다. 하지만 기어이 강진으로 귀양을 보내야 한다고 주장한 사람이 서용보였다.

다산이 강진에서 유배 생활을 한 지 2년이 될 즈음이었다. 1803년에 정순왕후가 아까운 죄인 정약용을 석방할 것을 특명으로 내렸지만, 당시 우의정인 서용보는 여러 가지 이유를 들어 다산의 석방을 끝까지 반대해 그의 석방을 무산시켰다. 서용보와 다산의 악연은 유배에서 풀려난 후에도 계속되었다. 유배를 끝내고 고향에 내려온 이듬해인 1819년 겨울, 조정에서 다산을 다시 기용하자는 논의가 있었으나 당시 영의정인 서용보의 저지로 역시 무산되고 말았다.

서용보는 노론 출신으로 남인이었던 다산과는 서로 다른 계파였다. 정적인 관계도 있을 수 있었겠지만 과거의 개인적인 감정이 두 사람 사이를 멀어지게 한 것이다.

인간은 평생 동안 누군가를 만나 서로 관계를 유지하며 살아간다. 사사로운 일로 감정을 다치기도 하지만 대부분의 사람은 서로를 이해하며 극복하려 노력한다. 그러나 서용보의 경우는 과거의 일들을 스스로 극복하지 못하고 정약용을 적으로 여기며 사사건건 견제했던 것이다.

분노를 재기의 에너지로 써라

인생을 살면서 누구나 한 번쯤은 가까운 친인척이나 주변 사람들로부터 거절하기 어려운 부탁을 받거나 큰 결정을 해야 하는 경우를 겪게 된다. 이때를 대비하여 다산은 큰아들에게 고민을 쉽게 해결할 몇 가지를 적어 보냈다.

> "세상에는 두 가지의 큰 기준이 있다. 하나는 옳고 그름의 기준이고, 또 하나는 이롭고 해로움에 관한 기준이다. 이 두 가지를 단계별로 순서를 정해 보면 다음과 같다.
> 첫 번째는 옳음을 지켜 이익을 얻는 것이고, 두 번째는 옳음을 지키고 해를 입는 경우이다. 세 번째가 그름을 좇아서 이익을 얻는 것이며, 마지막 네 번째는 그름을 좇아서 해를 보는 경우이다."

다산은 아들에게 삶의 기준을 구분해 조목조목 설명하면서 자신을 모함하는 사람들에 대해서도 적었다.

"지난번 네가 나에게 말하기를 홍의호, 강준흠, 이기경에게 부탁하여 현재의 상황을 해결해 보라는 이야기를 했었지. 그러나 이것은 내가 앞서 말한 세 번째 단계인 그름을 좇아서 이익을 얻는 방법을 택하는 것이 된다. 만약 내가 너의 말처럼 그렇게 하였다면 마침내는 네 번째 등급으로 떨어지고 말았을 것이다."

홍의호라는 사람은 다산과 처사촌간으로 어릴 때부터 같이 물장구치며 뛰어놀던 막역한 사이였다. 다산이 조정에서 국사를 볼 때에는 사적인 이야기도 함께 나눌 정도로 친밀했지만 어려운 상황이 닥치자 다산을 두둔하기는커녕 강력하게 유배를 주장했던 인물이었다.

다산의 가족들 입장에서는 귀양살이에서 풀려나게 해줄 수 있는 이 사람들에게 부탁이라도 해보자는 절박한 생각으로 한 말이겠지만 다산은 큰아들을 타일렀다.

다산은 믿었던 사람들에게 배신당한 분노 때문에 잠을 이루지 못할 정도였지만 그것을 긍정의 에너지로 바꾸어 집필의 밑거름으로 사용했다. 남을 미워하는 마음으로는 어떤 일에도 집중할 수가 없다. 특히 책을 저술하는 사람은 자신을 먼저 다스린 후 주제에 몰입하여야만 가능한 일이다.

"나는 임술년 봄부터 책을 집필하기 시작하여 붓과 벼루
만을 곁에 두고 아침부터 저녁까지 쉬지 않고 글을 썼다.
그 결과 왼쪽 어깨가 마비되어 거동이 불편할 지경에 이
르렀고, 시력이 아주 어두워져 요즘은 안경에 의지한다."

다산은 파멸을 바라는 정적들의 치졸한 공격과 추락한 죄인이
라는 주변의 차가운 시선을 피하기 위해 스스로 글쓰기를 선택
했다. 그러나 정적들은 어떻게든 다산을 옭아매려 했다. 유배에
서 풀려난 후에도 그들의 목표는 다산을 제거하는 것이었다. 급
기야 효명세자와 순조의 위중한 병을 다산에게 맡겨 치료하게
한 뒤 결과에 따라 그를 제거하려는 꼼수까지 부렸다. 누구라도
왕과 세자의 치료를 맡는다는 것은 큰 위험을 감수해야 하는 일
이었다. 다산도 이를 모를 리가 없었다. 다만 명분 없이 거부한
다면 왕과 세자에 대한 불충이었다. 다산은 거절할 명분을 찾지
못하여 고민하다 부득이 상경하였으나 이미 병세가 너무 깊어
다산이 해야 할 일은 없었다. 다산 입장에서는 구설수를 피할 수
있어 다행이었지만 안타까운 일이었다.

호시탐탐 다산의 주변을 맴도는 정적들의 견제 속에 다산은
자신이 태어나서 자란 고향땅 마재에 돌아와 여유당(與猶堂)을
지었다. 여유당은 '겨울에 언 냇물을 건너듯 조심하고 주변을 살
펴가며 처신하리라.'라는 다짐을 담아 지은 이름이다.

전문성이 없다고 말하지 마라

다산은 수원 화성을 설계하고, 거중기 등을 발명했다.

관심과 몰입이 세상을 바꾼다

기술을 특별히 배우지 않았어도 관심을 가지고 있으면 스스로 터득하게 된다. 옛말에, 남에게 배워서 아는 것은 빠를 수 있지만 내 것이 되기 어렵고, 스스로 터득하는 것은 느릴 수 있지만 완전히 내 것이 된다고 했다.

누구나 어떤 목표를 설정하고 그것에 집중하여 관심을 가지면 결국 관련 기술이 생기고 그 기술들이 세상을 바꾼다.

정조가 왕위에 오른 후 시작한 수원 화성 축성 계획은 비밀이었다. 정조는 아버지 사도세자의 묘를 수원으로 옮기고 사도세자의 추숭 작업을 본격화하고 싶었다. 좁은 뒤주에 갇혀 비명에 간 아버지 사도세자의 죄명은 역적이었다. 할아버지 영조는 역적의 아들인 손자 이산이 왕이 될 수 없다는 것을 잘 알고 있었다. 영조는 궁여지책으로 손자 이산을 죽은 첫째 아들 효장세자의 아들로 입적시켜 왕위를 계승하게 하였다. 그러나 왕위에 오른 정조는 자신을 낳아준 사도세자의 아들로 인정받고 성공하고 싶었다. 아버지에 대한 효이기도 했지만, 부부의 따뜻한 사랑보다 권력의 한복판에서 고민하다 남편을 잃고 홀로 되신 어머니에 대한 지극한 효심이기도 했다. 젊은 정조의 정치 철학과 부모님에 대한 효심의 결정체가 수원 화성이었다.

사실 정조의 큰 생각은 성이 완성되면 본인은 수원 화성에 머물면서 조선을 통치하고 아버지 사도세자에 대한 추숭 작업은 뒤를 이을 아들에게 맡기려 했다. 아마도 아버지 사도세자의 추숭 작업을 젊은 정조가 직접 하기에는 무리가 있었을 것이다. 사도세자에 관한 것은 일체 언급하지 말라는 선왕 영조의 당부도 있었고, 정치 권력을 장악할 힘이 아직은 부족했기 때문이기도 했다.

정조는 조선의 미래는 화성 축성에서부터 시작된다는 생각으로, 이를 맡길 사람을 찾고 있었다. 영민하고 올곧고 추진력이 있는 다산이 적격이라 판단했다.

이 무렵 다산은 부친상 중이었다. 수원성 축성을 일부 정치 세력들이 반대할 것을 알고 있던 정조는 상중에 있는 다산을 조용히 불러 자신의 축성 계획을 설명했다. 그리고 비밀리에 진행할 것을 지시하면서 몇 권의 책을 건넸다.

다산은 정조가 건네준 책과 여러 자료들을 모아 연구하기 시작했다. 명나라 모원의가 쓴 『무비지(武備誌)』나 곽자장의 『성서(城書)』, 윤경의 『보약(堡約)』 등 중국의 병서를 참고하고, 유성룡의 『성설(城說)』도 주요 자료로 활용하였다.

다산은 어명을 받은 수원 화성 축성 계획을 규장각이 아닌 집에서 비공개적으로 진행했다. 조선과 중국 성(城)의 장단점을 분석하여 새로운 성곽을 만들기로 했다.

관심을 갖고 집중하면 무엇이든 만들 수 있음을 보여준다. 그러나 수원 화성은 정조의 철학이 반영되어야 하는 것이 우선이

수원 화성

었다. 새 왕조가 꿈꾼 새로운 국가의 도시는 실학을 바탕으로 미래의 경제, 국방, 문화 등을 만들어내는 전략지가 되어야 했다. 물론 신도시의 가장 기본적인 교통과 한양과의 연계성은 필수 조건이었다.

전략적으로, 동서남북에 네 개의 성문을 두어 성문 밖에는 옹성, 즉 항아리 같이 둥근 성벽을 둘러 적들이 대포나 무기로 성문을 직접 공격하지 못하게 설계했다. 또한 북문과 남문을 내어 한양에서 수원을 지나 남쪽 지방으로 통할 수 있게 도로를 확보하였다.

수원 화성

최고의 신도시를 설계하다

설계도를 완성한 후 터를 닦고 성을 쌓기 위해서는 반드시 축성 기술이 필요했다. 건축학을 배운 적이 없고, 도시 조성에 관한 지식이 전혀 없었지만, 다산은 크고 작은 일과 각종 재료, 비용 등 관련 현황을 조목조목 파악하고, 축성 기술에 필요한 서적을 뒤져가며 공부하고 현장 경험이 있는 자들을 만나 노하우를 경청했다.

정조가 서양 역학(力學) 기술서인 『기기도설(奇器圖說)』을 다산에게 내려주며 현장에 필요한 기계도 만들어 보라고 지시했다. 정조나 다산은 물리학이나 기계 공학을 공부하지 않은 조선의 유학자였다. 기계를 만들거나 물건을 판매하는 행위는 선비의 일이 아니라고 하던 시절에 군왕과 신하가 신기술에 관한 대화를 나누고 서적을 구해주는 광경이 당시로서는 이채로웠다. 국가 전략을 구상하는 다산과 정조의 모습에서 백성들은 곧 새로운 세상이 열릴 것 같은 희망을 갖게 되었다.

『기기도설』은 스위스 태생의 선교사 테렌츠(P. Joannes Terrenz Schreck)가 구술한 것을 중국인 왕징이 정리한 책으로, 복잡한 역학의 원리와 공학적인 내용을 그림으로 쉽게 풀어 쓴 책이다. 다산은 『기기도설』을 바탕으로 「성설(城說)」을 작성했다.

「성설」의 내용 중 먼저 성벽의 규격에 관한 기록을 살펴보자.

성벽 높이는 여장(女墙), 즉 성 위에 낮게 쌓은 담을 제외하고 2장 5척 정도로 설정했다. 17세기 조선에서 많이 적용하던 성벽의 높이가 대체로 3장 이상을 기준으로 하는 것에 비하면 낮게 설정했다. 성벽의 높이를 예전보다 낮게 설정한 것은 무기의 발달과 관계가 있었다. 세계적인 추세가 이미 활이나 사다리에 의해 성을 공격하던 시대가 끝나가고 있었다. 이웃 청나라만 보더라도 주요 성곽이 5장 높이였지만 화포의 발달로 차츰 성곽에 변화가 생기고 있을 때였다. 성곽의 높이를 낮추고 성벽을 두껍게 하는 것이 세계적인 경향이었다.

성곽의 높이가 낮아지게 되면 대신 성곽 앞의 해자의 중요성은 커지게 된다. 다산도 이를 반드시 설치할 것을 주장했지만 여러 가지 이유로 설치되지는 않았다. 축성 재료는 전통적으로 많이 사용하는 석재를 사용할 것을 주장했다. 다산은 성의 축조 방식으로, 성벽을 똑바로 쌓아 올리는 기존의 방식 대신 성의 중심 부위가 안으로 들어가도록 하는 이른바 규형(圭形) 성벽을 채용할 것을 주장했다. 성벽을 3등분해 아래 2등분까지는 한 층마다 점차 안으로 1촌씩 들여서 쌓아 올리도록 하고, 위의 한 등분은 한 층마다 밖으로 3분씩 나오게 쌓아올리도록 할 것을 제안했다. 성벽을 똑바로 쌓아 올릴 경우에 성벽 내부에 있는 흙 등의 충전물이 물을 먹은 상태에서 얼고 녹으면서 팽창과 수축으로 인해 성벽이 무너질 가능성이 높다. 그러나 안쪽으로 들여 성벽을 쌓아 올릴 경우 잘 무너지지 않을 뿐 아니라 처마와 같아서 적들이 성벽을 쉽사리 넘어오지 못하게 하는 장점이 있다. 정약용은 함경도 경성 읍성을 예로 들며 수백 년 동안 무너지지 않았음을 실례로 제시했다. 그리고 성문이나 문루를 보호하기 위해 옹성 설치를 구상했다. 화포에 의한 성문 공격이 보편화되는 상황에서 옹성 안에 들어온 적군을 전통적 방식으로는 진압하기가 어려운 현실을 반영했다. 또한 『무비지』에 수록되어 있는 '오성지(五星池)'라는 독특한 구조의 도입을 주장했다. 적병이 성문을 불태우려 할 때 성문 위에서 물을 쏟아 부어 진화할 수 있도록 하는 축성 구조이다.

이처럼 일반인들은 상상하지도 못한 치밀하고 완벽에 가까운 창의력을 발휘하여 수원 화성을 설계했다. 혼자서 공부하고 연구하며, 궁금한 것은 기술자를 만나고 물어가며 수원 화성을 설계했다. 집중력과 몰입이 새로운 능력을 만들어내는 순간이었다.

「성설」의 내용을 조금만 더 살펴보면, 수원 화성은 중국의 성제(城制)와 조선의 전통적인 성제가 결합한 형태를 띠고 있지만 일본과 서구의 축성술까지 일부 반영하고 있다. 17세기 초 화약 무기의 유효 사거리는 대략 50보인 65m 정도였다. 그러나 다산이 「성설」을 썼던 시기에는 화약 무기의 정확성과 위력이 이전보다 조금 더 높아졌다. 다산은 이를 반영하여 적군의 화포 공격을 효율적으로 막고 동시에 적을 공격하기 쉽게 성곽의 규격과 축성 재료 등을 분석하여 설계했다.

거중기와 녹로를 발명하다

다산은 유학자였지만 조선의 명운을 걸고 시작하는 새로운 도
시 수원 화성을 만드는 일에 책임을 맡게 되었다. 처음 해보는
엄청난 일이다 보니 막막하고 두렵기까지 했다. 그러나 시도조
차 해보지 않고 포기하는 것은 자신의 존재 가치를 인정하지 않
는 것이 된다. 어떤 어려운 일을 본의 아니게 맡게 되었을 때 두
려워만 하지 말고 시도해 보는 것도 필요하다. 물론 전문가가 되
는 것은 수십 년을 갈고 닦아야 가능한 일이지만 때로는 무서울
정도의 집념과 몰입 그리고 탐구심이 불가능해 보이는 것들을
가능하게 만들어 놓기도 한다.

창조는 꿈꾸는 자에 의해서 만들어지고, 꿈은 도전하는 자에
게 돌아간다고 하지 않던가. 다산의 도전은 과학적 지식이 없어
많은 노력을 해야 했지만 대부분의 기술은 원리를 바탕으로 파
고들면 이해되는 것들이었다.

다산은 빠르고 효율적으로 공사를 진행하기 위해 기구와 장비
를 열 가지나 새로 고안했다. 대표적인 것이 도르래를 이용해 무
거운 돌을 손쉽게 들어 올리는 대형 거중기(擧重機)와 그보다 작
은 녹로(轆轤)이다.

이외에도 언제나 수평을 유지하는 짐수레 유형거, 소 마흔 마리가 끄는 대거, 열 마리가 끄는 평거, 한 마리가 끄는 발거, 사람 네 명이 끄는 소형 수레 동거, 둥근 나무 막대를 깔고 그 위로 돌을 미끄러뜨리는 구판, 바닥이 활처럼 굽어 있는 수레 설마 등이 있다.

　당시 중국을 통해 전래된 서양의 기술을 참조하되 독자적인 발상으로 만든 것들이 더 많았다. 한 사람의 적극적인 생각과 노력이 세상을 바꾸는 순간이었다.

　수원 화성을 축성하는 데 장비까지 발명한 이유는 공사비 절감은 물론 안전사고 예방 및 공기 단축의 효과를 높이기 위해서

거중기: 수원 화성을 쌓을 때 쓰인 복합 도르래

였다. 무거운 석재를 사용해야 하는 축성의 특성상 많은 인력이 필요했고 사고의 위험도 배제할 수 없었다. 또한, 당시 축성 현장은 첨단 기술의 시험장이었다. 축성 작업에서 가장 어려운 작업이 돌을 쌓는 작업인데, 큰 돌을 가볍게 들어 올리는 기계가 거중기였다. 다산이 개발한 거중기의 특징은 고정 도르래와 움직 도르래를 접목해 복합 도르래로 만든 것이다. 고정 도르래는 물건의 중량에 해당하는 힘이 있어야 물건을 들어 올릴 수 있지만, 움직 도르래가 한 개 있으면 절반의 힘만으로 들어 올릴 수 있다. 사용하는 움직 도르래가 한 개씩 늘어날 때마다 필요한 힘

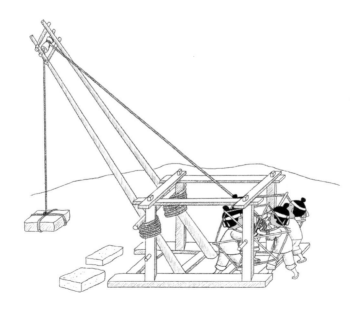

녹로: 높은 곳이나 먼 곳으로 무엇을 달아 올리거나 끌어당길 때 쓰는 기구

은 절반으로 줄어든다. 다산은 바로 이 원리를 이용했다.

거중기 덕분에 화성을 건설하는 동안 무거운 물체를 훨씬 수월하게 다루었고 사고율을 대폭 줄일 수 있었다. 화성 건설에 사용된 거중기는 모두 열한 대였다. 중국에서 개발한 거중기는 대부분 고정형이었지만, 다산이 개발한 거중기는 이동할 수 있는 한 차원 더 진화된 거중기였다.

다산의 창조력은 뛰어났다. 성벽과 여장 사이에는 검은색 벽돌이 끼어 있다. 생김새가 눈썹 같다고 해서 눈썹 돌 또는 미석이라고 한다. 미석을 성벽과 여장 사이에 끼워놓은 이유는 물질이 상태가 변화할 때 부피가 변한다는 사실을 잘 알고 있었기 때문이다. 만약에 성벽의 틈 사이로 물이 스며든 채 얼어버리면 얼음의 부피가 팽창하는 힘으로 성벽이 쉽게 무너질 수 있다. 그러나 미석을 끼워놓으면 비나 눈이 와도 물이 성벽으로 스며들지 않고 미석을 타고 땅으로 떨어지는 것이다. 치밀하고 완벽했다.

기술 보국의 꿈을 꾸다

사대부가 공사 현장에서 사용하는 기계를 만들거나 연구하는 것이 조선에서는 아주 특별한 일이었다. 그러나 젊은 다산과 개혁군주 정조는 달랐다. 조선을 변화시킬 수 있는 동력을 서양이나 외국의 신기술에서 찾으려 했고, 국가가 부강해지려면 공업과 상업이 활발히 일어나야 된다는 생각을 가지고 있었다. 정조가 십년 정도 더 집권했더라면 조선은 크게 달라질 수 있었다는 말에 설득력이 있는 이유다.

정조의 실학 사상을 너무나 잘 아는 다산은 오늘날의 과학기술부에 해당하는 이용감(利用監) 신설을 주장했다. 그러면서 이용감 산하기구로 산학서(算學署)를 두라는 권고도 잊지 않았다. 모든 공업의 정교함은 수리학에 있음을 강조하며, 공자 맹자만을 논하며 주자학에 매몰되어 있던 조선 시대 지식인들에게 서학도 공부해야 한다고 강조했다.

다산도 조선의 철학인 유교를 신봉하는 선비이지만 조선 사회 지식인 대다수가 유교 사상에 너무 치우쳐 있어 미래를 갈망하는 백성의 요구를 수용할 수 없으니, 국가의 제도를 바꿔서라도 미래 지향적이고 실용적인 학문을 도입하고자 했다.

국가의 미래를 위해서는 지식인이 행동해야 하고 산업을 발전시키기 위해서는 국가가 앞장서서 기관을 만들고, 기술의 도입과 개발을 주도적으로 해야 한다고 역설했다.

여유가 없다고 말하지 마라

다산은 언제 죽을지 모르는 유배지에서도 차를 즐겼다.

동트기 전에 일어나 글을 쓰고 차를 마셔라

정약용의 대표적인 호는 다산(茶山)이다. 다산초당이 있는 강진의 조그마한 산 이름이 다산이다. 예로부터 유난히 차나무가 많아 붙여진 이름인데, 정약용은 이를 호로 사용하였다. 차는 건강을 위해 마시기도 하지만 삶의 여유이다. 어명을 받아 언제 어떻게 될지 모르는 절대 고독 앞에서 다산은 무슨 일을 할 수 있었을까. 잠시나마 마음을 다스릴 수 있는 최고의 명약은 따뜻한 한잔의 차가 아니었까.

차 마시기를 좋아했던 다산은 평생 세 가지를 실천하고 살았는데, 다른 사람에게도 이 세 가지를 권했다.

"나는 아침 해가 뜨기 전에 일어나 차를 마시며 오늘 하루 해야 할 일을 기록한다."

다산은 유배되기 전부터 이미 다인(茶人)이었다.

다산이 차를 마시기 시작한 무렵인 스물한 살에 지은 시 「춘일 체천잡시(春日棣泉雜詩)」에 차에 관한 얘기가 있다.

> 백아곡의 차나무 새 잎이 피어나
> 마을 사람에게 차 한 포를 받았네
> 체천의 맑은 물은 그 맛이 어떤가요
> 은병에 길어와 조금씩 시험해 본다

하지만 유배지에서는 그것이 호사였다. 죽음은 시시각각으로 그의 주변을 맴돌았고, 한양으로부터 들려오는 소식은 심란하기 짝이 없었다. 마음을 다잡고자 했지만 혼란한 마음을 잡기가 어려웠다. 마음의 안정을 찾기 위한 잠깐의 여유가 필요했다. 다산은 다시 차를 마시기 시작했다.

정약용은 75세의 나이로 영면할 때까지 유배 시절 다산초당의 차 맛을 잊지 못해 늘 자신의 호가 다산으로 불려지길 바랐다. 다산은 유배지에서 직접 차나무를 재배하며 찻잎을 따, 덖고 말려서 차를 끓여 마셨다.

강진 땅 다산에는 차가 많이 나는데 정약용이 만들어 먹기 시작한 후 차츰 소문이 나 명차가 되었다는 어느 학자의 말이 생각난다. 이처럼 차에 대한 다산의 애정과 전문성은 오랜 세월 전국에 소문이 나 있었다.

차나무에서 찻잎을 따는 다산

　다산에게 차는 여유와 성찰의 시간이었다. 「다산화사」중에서 다산초당의 정겨움을 노래한 시 한 수를 옮겨 본다.

　　　다산초당은 아늑한 귤동마을 서쪽
　　　천 그루 소나무 사이 시냇물 한줄기
　　　물 따라 올라가 샘솟는 곳에 이르면
　　　돌 사이 아늑한 곳에 집 하나 있다네
　　　조그만 못 하나는 초당의 얼굴

한가운데 돌을 쌓아 봉우리 셋을 만드니
사시사철 온갖 꽃들 섬돌에 둘러 피고
얼룩얼룩 자고 무늬 물속에 수를 놓네

　다산은 유배에서 풀려난 후에도 그때 만난 제자들과 함께 '다
(茶)'와 관련한 모임 다신계(茶信契)를 결성할 정도이니 그의 차
사랑은 짐작이 간다. 또한 유배지 강진의 보암 서촌의 밭은 다산
이 손수 가꾸던 다원(茶園)이었다.

법리만을 따지지 마라

다산은 늘 백성의 편에서 사건을 이해하고 판단하려 했다.

국민저항권을 인정한 다산의 판결

법이 백성을 위한 것이라면 백성의 입장에서 판결되어야 한다. 다산은 18년의 유배형에 처해지기 전에 황해도 곡산도호부사에 임명되었다. 부임지에서 맡게 된 사건의 재판 결과가 의미있다.

곡산 땅에 이계심이라는 사람이 살았다. 곡산(지금의 황해도)부사는 포군을 위한 세금으로 900냥을 걷었다. 원래 200냥을 걷어야 하는데 몇 배를 더 걷어 들였다. 행정을 잘 모르는 백성들은 불만이 많았다. 이를 대신해 이계심이 앞장서서 농민 천여 명을 데리고 곡산부사에게 항의했다. 화가 난 곡산부사가 이계심을 선동꾼으로 몰아 처벌하려하자 농민 천여 명이 이계심을 숨기고 보호하였다. 이에 곡산부사가 감사에게 보고한 후 오영(五營)에 명을 내려 이계심을 잡으려 했지만 끝내 잡지 못했다. 이 사건의 소문이 확대 해석되어 곡산에 민란이 일어난 것으로 조정에 보고되었다.

다산은 어명을 받아 도호부사에 임명되어 근무지로 내려갔다. 숨어있던 이계심은 도호부사가 새로 내려왔다는 소식을 듣고 다산을 찾아와 자수하였다. 다산은 이계심이 미리 준비해 온 호소문과 사건의 자초지종을 들은 후 다음과 같은 판결문을 내린다.

이계심에게 판결문을 내리는 도호부사 정약용

"지금까지 관이 맑아지지 않고 점점 부패해지는 이유는 백성들이 관의 큰 잘못을 알면서도 항의하지 않았기 때문이다. 그대와 같이 용기 있는 사람은 나라에서 천 냥의 돈을 주고서라도 모셔서 의견을 들어야 할 것이니라."

왕조 시대의 백성은 관에 건의나 항의를 하기가 어려웠다. 더구나 여럿이 모여 관의 부당함을 주장하면 선동꾼으로 몰려 중범죄자가 되기 일쑤였다. 그러나 다산의 생각은 달랐다. 법은 백성을 위해서 존재하는 것이니 법이 잘못되었다면 고치고, 법이 없다면 만들어서 백성들의 가슴으로 판결해야 한다고 생각했다. 다산은 민란이라고 소문난 이 사건을 백성의 편에서 고민하여 결정했다. 왕조 시대에는 엄두조차 내기 어려운 일이었지만 '국민저항권'을 인정한 보기 드문 판결이었다.

을(乙)의 선봉에 서다

조선 시대 한 고을의 수령, 곧 목민관은 입법·사법·행정의 삼권을 쥔 막강한 권력자였다. 이러한 목민관이 사건의 시시비비를 결정할 때는 공평하게 백성의 입장에서 사건을 바라보아야 한다. 특히, 관과 백성의 다툼에서는 더욱 냉정하고 엄중해져야 한다.

다산은 관과 백성 간에 발생한 다툼의 경위를 파악하기 위해 약한 백성들이 주장하는 내용을 끝까지 들어보고 그것을 인정해 준 보기 드문 조선의 벼슬아치였다. 암행어사 시절이나 벼슬에서 쫓겨나 유배 생활을 하는 동안에도 다산이 백성을 바라보는 시각은 한결같았다. 『목민심서』에도 이와 같은 마음이 잘 드러나 있다.

> "지극히 천하여 어디에도 억울함을 호소할 곳 없는 힘없는 사람들이 백성이다. 그러나 그 높이와 무겁기가 큰 산 같은 사람 또한 백성이다. …… 아무리 높은 자리에 있는 상관이라도 백성들이 뜻을 모아 투쟁하면 굽히지 않을 자가 없다."

또한, 다산은 걸언(乞言) 제도의 부활을 제안하기도 했다. 걸언은 원로에게 여쭤서 답을 얻는다는 말인데, 유래를 보면 과거 국왕이 은퇴한 원로들을 대궐로 초청하여 예를 갖춰 상석에 모신 뒤 백성들의 삶과 애로사항을 들어보고 특정 사안에 관해서 충고와 조언을 구하는 제도이다.

정약용의 『목민심서』에 '양로지례 필유걸언(養老之禮 必有乞言)'이라는 대목이 있다. 노인을 모실 때는 반드시 걸언의 예를 갖춰야 한다는 의미다.

민원에 대하여 듣고, 토론할 수 있는 걸언은 지금도 활용할 수 있는 좋은 제도이다. 모든 불만은 소통의 부재에서 오는 것이기 때문에 듣지 않고는 불만을 해결할 수 없다. 젊은 혈기로 세상을 바라보는 것과 나이 들어 바라보는 세상은 다르기 때문에 목민관은 보다 넓고 객관적인 시야를 키워야 한다.

행동하는 이론가가 되어라

다산은 손수 농사를 지은 행동하는 지식인이었다.

손수 농사를 짓고 가축을 기르다

오랜 역사를 가진 조선이 망할 수밖에 없었던 가장 큰 요인은 폐쇄적인 사고와 사농공상의 신분제 때문이라 해도 지나침이 없을 것이다. 선진문물을 배척해야만 우리 것을 지킬 수 있다고 생각하는 권력자들은 직업에 귀천을 두어 상업과 공업을 멸시하는 아주 형편없는 시스템을 만들어 놓고 그것을 통치 수단으로 사용하였다.

생각을 해보자. 자신이 하고 있는 직업 때문에 자자손손이 사회에서 무시를 당하고 벼슬을 할 수 없는 천민으로 전락한다면 어느 누가 상업이나 공업에 종사하겠는가.

더 큰 문제는 노동을 천하고 부끄럽게 여기는 사회 분위기였다. 돌이켜보면, 조선은 절대 부국이 될 수 없었고 경쟁에서 뒤처질 수밖에 없는 나라였다. 물론, 세계 최초의 발명품이 없지는 않았지만 상공업을 무시하는 사회적인 분위기가 조선 사회를 억누르고 있었기 때문에 산업과 관련한 어떠한 혁명도 조선에서는 일어나지 않았다. 당연한 결과였다.

그러나 다산은 선비이자 정치인이었지만 농사를 지었고, 노동 현장에서 함께 땀을 흘리며 필요한 도구를 만들어 사용하였다. 우리가 잘 알고 있는 거중기나 녹로도 이때 만들어진 것이다.

다산은 거친 유배지에서 아이들을 가르치며 받은 수업료를 모아 열여덟 마지기의 농토를 구입하고 원포라는 농장을 만들어 농사를 지었다.

다산은 농사도 짓고 가축도 길렀다.

유배에서 풀려난 후에도 고향 마재마을에서 직접 농사일에 관여하며, 뽕나무도 심고 가축도 길렀다. 또한, 수원 화성을 축성할 때에는 현장에서 직접보고 느낀 고충이나 아이디어를 반영하여 거중기나 녹로를 만들기도 하였다. 선비라 하여 책이나 읽고 글이나 쓰는 존재가 아니라, 이 땅에 가난한 백성들과 함께 미래를 고민하고, 함께 잘살 수 있는 길을 찾으려 했다. 그는 진정 행동하는 지식인이 되고자 했다.

운명에 굴하지 마라

다산은 버려졌지만 당당하게 세상을 살았다.

존재 그 이유만으로도 자신을 사랑해야 한다.

스스로를 사랑하는 순간 고난은 극복될 것이고, 자신을 비관하는 순간 인생은 절망의 나락으로 추락한다. 고난을 극복하려면 우선 자신을 사랑해야 하고 당당해져야 한다. 다산은 추락하는 순간에도 자신을 일으켜 세우는 능력을 보였다. 무너져 내리는 집안과 사선을 넘나드는 주변 사람들을 바라보며 당혹해했지만 결국은 일어나 자신이 살아있는 이유를 당당하게 세상에 알렸다.

세상이 나를 버려도 좌절하지 말자. 다시 일어설 수 있다. 다산은 황망하기 짝이 없는 어려움 속에서도 희망을 버리지 않고 끝없이 노력했다.

다산은 조선 최고의 귀족 집안에서 태어나 벼슬을 하고 임금의 신임을 받으며 순탄하게 인생을 살아가는 듯 했지만, 천주교 박해로 인해 완전히 폐족이 되는 과정을 지켜보았다. 그는 결혼하여 아홉의 자식을 낳았는데, 4남 2녀가 죽고 셋만이 살아남았다. 몰락한 가문과 자식의 죽음 앞에서도 그는 절망을 딛고 다시 일어섰다. 어쩌면 그의 고단함과 외로움이 글쓰기로 나타났을 수도 있었겠지만 그의 작품은 우리들의 철학이 되고 미래가 되었다.

다산은 두 아들과 제자들에게 말했다.

"굶주린 호랑이가 나를 향해 달려오는 긴박한 상황에서도
두 눈을 크게 뜨고 공부해야 한다. 남들처럼 공부해서는
남보다 절대 앞설 수 없다."

당시에는 출세가 남자 인생의 전부였기 때문에 목표를 세웠다면 목숨을 걸고 공부하는 것은 당연하겠지만 다산은 공부의 중요성을 늘 강조했다.

"만약 너희들이 학문을 익혀 사사로운 권력과 재물을 모으는 데 활용한다면 그것은 진정한 학자라 할 수 없을 것이다."

학자는 권력과 재물에 유혹되지 말아야 한다는 당부이다. 다산은 자신의 사후에 대해서도 몇 마디 말을 남겼다.

> "내가 죽은 뒤에 너희들이 아무리 정성들여 제사를 지내
> 준다 하여도 내가 지은 책 한 줄을 읽어주는 것만 못할
> 것이다. 만약 후세에 누군가가 나의 책을 읽고 그 뜻을 알
> 아주는 사람이 있다면 예를 갖춰 그 사람과 부모형제처럼
> 지내도 좋다."

아마도 그는 자신의 저술에 대한 자신감과 절박함을 함께 가지고 있었던 것 같다. 한평생 최선을 다해 집필한 수많은 글들이 후세에 어떤 평가를 받을 것인지가 궁금했을 것이다.

필자가 정약용의 자료를 수집하면서 느낀 점은 다산은 스스로를 무척이나 사랑했고 비록 가난한 조국의 변방에서라도 살아있음에 늘 감사한 조선 최고의 지식인이었다.

혁명가의
일생

한 인간이 일생을 살아오면서 가장 의미 있었던 시기는 언제일까?

다산 정약용의 인생을 돌아보면,

조선 최고의 명문 집안에서 태어나

일곱 살에 한시를 지으며 신동 소리를 듣던 어린 시절과

과거에 급제했던 득의의 시절,

정조 임금을 만나 국책을 논하고,

민생을 돌아보며 부패한 권력을 척결했던 암행어사의 시절.

그리고 유배지에서 영원히 벗어나지 못할 것 같아 노심초사하던 유배의 시절,

유배에서 풀려난 후 고향에서 한가로운 시간을 보내던 노년의 시절이 있다.

정약용은 말한다.

"내가 다산으로 다시 돌아가지 못하니 죽을 것만 같다."

그는 왜 그렇게 벗어나려 했고, 힘들어했던 유배지를 그토록 그리워하고 있었을까.

삶은 아마도 성공과 실패의 문제가 아닌가 보다.

다산 정약용의 성장기

아명이 귀농이다

큰 꿈을 꾸었으나 결국 좌절한 인생

천명(天命)이라 했던가. 한 인간이 태어나기 위해서는 하늘이 먼저 문을 열어 주어야 한다. 1762년은 영조의 아들 사도세자(장헌세자)가 뒤주에 갇혀 죽던 해로 정국이 소용돌이 치고 민심이 극도로 불안하였다. 운명처럼 그해 6월에 조선의 천재 다산이 태어났다.

훗날 공교롭게도 죽은 사도세자의 아들 정조 임금과 다산 정약용은 군신 관계로 만났다. 둘은 조선을 다시 건국이라도 하듯 의기투합했고, 새로운 세상을 만들기 위해 불철주야 고민했다. 두 사람이 고민한 개혁 과제는 수원 화성의 축조에서 절정을 이루지만, 정조 임금은 한창 일해야 할 젊은 나이에 세상을 떠난다. 역사적으로 볼 때 젊은 두 사람의 만남은 예사롭지 않았지만 국왕의 죽음으로 하늘은 더 이상 조선의 개혁과 변화를 허락하지 않았다.

정약용의 인생에서 정조 임금을 빼놓고서는 이야기가 성립되지 않을 만큼 깊고 특별했지만 결국 정조의 죽음이 그의 모든 것을 뒤엉키게 했다. 세상은 준만큼 빼앗아간다고 했던가. 국왕으로부터 받은 사랑만큼 그는 설움과 핍박을 받아야 했다.

정조 시대에 이미 서양에서는 산업 혁명과 시민 혁명이 태동하고, 유럽의 여러 국가들은 어둠에서 조금씩 깨어나려 하고 있었다. 조선에서도 성리학과 주자학으로 인해 답답한 사회 분위기를 변화시켜야 한다는 여론이 일부 실학자들 사이에서 만들어지고 있었다.

국가의 철학과 시스템이 실용적으로 변해야 한다고 주장하는 젊은 학자들은 제도권 안팎에서 조선의 미래에 대하여 토론하기 시작했다. 한 번도 경험해보지 못한 새로운 세상을 꿈꾸며 밤낮 구분 없이 미래를 이야기했다. 가슴이 벅차오르는 엄청난 기회였지만 정조의 갑작스러운 죽음은 이 모든 것을 원점으로 되돌려 놓았고, 서방 국가의 새로운 기술과 학문을 습득할 기회를 놓치고 만다. 정조가 죽은 뒤 제대로 된 지도자를 찾지 못한 조선은 방황을 거듭하다 끝내 망국의 고통을 겪게 된다.

명문가의 어린이

정약용은 1762년 영조 38년, 음력 6월 16일 경기도 광주군 초부면 마현리(馬峴, 지금의 남양주시 조안면 능내리)에서 태어났다. 정약용의 집안은 조선의 명문가였다.

나주(압해) 정(丁)씨 가문은 옥당(玉堂)에 들 정도의 명문가였다. 옥당은 벼슬 중에서도 최고 명예의 자리인 홍문관에 입당한 것을 말한다. 홍문관은 궁중의 경서·서적의 관리 및 임금의 각종 자문에 응하는 일을 맡아보는 곳인데, 성종 이후에는 감찰·언론 기능까지 관장하였다.

다산의 생가 여유당

홍문관 관원이 되려면 전통적으로 가문이 좋은 집안의 인물이어야 하고, 업무 능력도 특출해야만 등용될 수 있는데, 의정부와 6조 관원 다음가는 지위를 누릴 만큼 홍문관에 들어가는 것은 조선 최고의 영예 중 하나였다.

정약용 집안은 무려 8대가 옥당에 든 집안으로 명문 중에 명문 집안이었다. 아버지는 진주목사를 지낸 정재원이었다. 아버지는 첫 번째 결혼한 부인 의령 남씨와의 사이에서 큰아들 약현을 낳았으나 젊은 나이에 사별하고, 둘째 부인인 해남 윤씨와의 사이에서 약전, 약종, 약용 삼형제와 딸 하나를 낳았다. 정약용의 어머니는 해남 윤씨로 윤선도의 증손자인 윤두서의 손녀이다. 윤선도는 설명할 필요가 없는 전라도의 큰 부자였고 세력가였다. 윤선도의 증손자 윤두서 또한 자신이 직접 그린 초상화가 국보로 지정되어 있을 만큼 글과 그림에 탁월했던 인물이다.

우리가 역사책에서 배운 지리 · 역사 등을 사전식으로 엮은 『동환록(東寰錄)』의 저자 윤정기는 정약용의 외동딸이 해남 윤씨 집안으로 출가해 낳은 아들이다. 다시 말하면 정약용의 외손자이다.

정약용의 어릴 때 아명은 귀농(歸農)이다. 당시에는 귀한 집 자식의 아명을 개똥이, 끝동이, 말년이 등으로 불렀다. 귀농이라는 아명은 정약용의 아버지인 정재원의 인생과 관련이 있었다. 아버지 정재원은 남인파였는데, 사도세자가 사망하자 여론은 남인파를 궁지로 몰아갔고 드디어 숙청하기 시작했다. 정재원은 잠시 동안 어수선한 정국을 피해보려 귀농을 고심하고 있었다. 이때, 아들 정약용이 태어나자 자연스럽게 아명을 귀농이라 하였다.

어린 소년이 지은 책 『삼미집(三眉集)』

    정약용은 조선이 낳은 천재이다. 정약용은 어릴 때 천연두를 앓아 눈썹 부위의 흉터가 있는데, 얼핏보면 마치 눈썹이 세 개인 것처럼 보였다하여 붙여진 별명이 삼미자(三眉子)였다. 눈썹이 세 개인 아이라는 의미다. 정약용은 어릴 적에 무서운 천연두에 걸렸으나, 명의 이헌길의 치료로 살았다.

    정약용은 훗날 이헌길이 쓴 『마진기방』을 탐독하고 연구하여 한층 진전된 홍역과 천연두에 관한 치료서 『마과회통』을 집필했다. 이 책은 현대 의학이 우리나라에 들어오기까지 홍역과 천연두로 고생하는 환자들의 생명을 구하는 데 크게 일조했다. 또한 정약용은 자신을 살려준 은인에 대한 답례 형식으로 이헌길의 생애를 다룬 『몽수전』을 집필하기도 했다.

    정약용은 영민했다. 네 살에 이미 천자문을 익혔고, 일곱 살에 한시를 지었다. 한시는 한문을 아는 것과는 다른 재능이 있어야 가능한 세계이다. 한시는 요운, 각운 같은 운율과 글자 수까지 맞춰서 지어야 하는 고난도의 문학이다. 정약용은 어릴 때부터 뛰어난 문학적 감성을 지녔고, 세상에 대한 이해가 남달랐던 아이였다.

영특한 정약용은 어머니의 사랑이 늘 부족했다. 아홉 살에 어머니를 잃은 정약용은 착한 맏형수 경주 정씨와 열한 살에 새 가족이 된 따뜻한 서모 장성 김씨 밑에서 큰 구김 없이 자랐지만, 어린 나이에 어머니의 부재는 큰 아픔이었다. 정약용은 어머니를 그리워하면서 시를 짓기도 했다. 타고난 천재였다. 열 살배기 어린 약용은 자신의 키만큼이나 되는 많은 자작시를 지어 시집을 엮었는데, 그것이 『삼미집』이다.

책상에 앉아 시를 짓는 어린 정약용

작은 산이 큰 산을 가리는 것은(小山蔽大山)
멀고 가까움이 다르기 때문이다(遠近地不同)

정약용이 일곱 살 때 바라본 세상이다. 아버지는 어린 아들을 기특히 바라며 "내 아들 약용이는 분수에 밝으니 커서 성인이 되면 역법과 산수에 능통한 인물이 될 것이다."라고 했다. 아이답지 않은 매우 깊은 통찰력을 가졌다고 볼 수 있다.

정약용에게는 이렇다 할 스승이 없었다. 어린 나이에는 아버지가 스승이었다. 집안이 조선의 학자 집안인 만큼 아버지를 스승으로 모시고 공부하였는데, 남들에게는 부러움의 대상이었다. 어린 정약용은 강의를 듣기 위해 때때로 아버지의 임지로 직접 찾아가 공부하기도 했다. 어린 그는 아버지로부터 세상을 배웠다. 그리고 정약용 형제는 외가 쪽 해남 윤씨 집안 형제들과 아주 가깝게 지냈다. 일찍 어머니를 잃은 정약용은 비록 어머니의 사랑은 받지 못했지만, 외가 쪽 형제들, 그리고 따뜻한 가족 품에서 큰 탈 없이 성장했다.

결혼

옥당 집안과 명문 집안의 만남

정약용은 나이 열다섯 살에 한 살 많은 신부와 결혼했다. 음력 2월 22일 복숭아꽃이 만발한 수줍은 봄날이었다. 신랑 정약용은 일곱 살에 한시를 짓고, 열 살에 삼미집을 낼 정도의 청년으로 주변에 소문이 자자했던 인물이었다. 보통의 사람들은 인생을 다 살아도 시집 한 권, 문집 한 권을 내지 못하는 것이 다반사인데, 열 살의 어린 나이에 시집을 냈으니 소문이 날 수밖에 없었다. 정약용의 아버지 정재원은 말직의 관리였지만 8대 옥당의 명문 집안을 이끌어 오고 있었다. 신랑 정약용의 명성에 걸맞게 신부의 집안도 예사롭지 않았다. 신부는 풍산 홍씨로 홍화보의 외동딸이었다. 정약용의 장인인 홍화보는 당시 병마절도사로서 조선에서는 드물게 문무를 겸비한 인물이었다. 그는 한양의 회현동에서 살았는데, 대대로 고관대작을 배출한 집안으로 할아버지나 아버지, 형제들 모두가 큰 벼슬을 한 인물들이다.

장인 홍화보는 무과에 급제하여 여러 지역에서 수령을 지냈고, 전라도 · 경상도 · 함경도에서 병마절도사를 역임했다. 특히, 홍화보는 무인이면서도 문과 시험인 진사과에 장원으로 급제하여 문과 출신의 상징적 자리인 승정원의 승지를 역임했다. 후일 정약용은 장인의 묘비명에 '기개가 높았고, 의리에 전혀 소홀함이 없었으며, 무서운 권력 앞에서도 정정당당했다.'라고 적었다.

옥당 집안과 명문 집안의 혼례

새로운 세계를 만나다

정약용은 결혼해서 그가 살던 경기도 광주를 떠나 한양으로 이주했다. 당시 한양은 4대문 안을 일컫는데, 정약용이 혼인하여 이사한 곳은 4대문 안 회현동이었다.

이곳은 처갓집 근처로, 사실 처가살이나 다름없었다. 예나 지금이나 남편들은 처갓집 근처에 사는 것을 조금 불편해 하는 경향이 있는데, 시골 출신들이 낯선 서울에 올라와 안착하기까지의 과정에 비하면 배부른 하소연이다.

정약용은 한양으로 이사한 후 처가 쪽의 걸출한 인물들과 교류하면서 새로운 문물과 정보를 담은 신간 서적들을 접하게 된다.

탐구심과 호기심이 많았던 정약용은 한양 생활을 하면서 비로소 물 만난 물고기처럼 종횡으로 지적 열망을 충족시켜 나갔다. 과거와 현재를 넘나들고, 동양과 서양의 철학 그리고 실학 사상을 섭렵하며 새로운 세계를 익혀가고 있었다. 열여섯 살에 아버지를 따라 화순으로 내려가 아버지를 지켜보며 목민관의 자세와 처신에 대해서도 공부하였다. 그 후 한양에서 이가환, 이승훈 등과 가까이 하면서 이익의『성호사설』을 접하게 된다.

『성호사설』은 이미 고인이 된 성호 이익이 지은 책이다. 이 책은 후일 정약용의 사상에 큰 영향을 끼치게 된다. 정약용은 이 책을 읽고 감동하여 이익을 가슴 속의 스승으로 섬겨야겠다고 다짐했다. 이때가 정약용의 나이 열여섯 살이며 결혼한 다음 해였다.

정약용에게 이익의 책을 소개해 준 사람은 이가환과 이승훈이었다. 이가환은 이익의 증손자로 희대의 천재였다. 정조도 그를 정학사(貞學士)라 부르며 특별히 아꼈다. 특히, 천문학과 수학에 뛰어난 능력을 가진 대학자였다.

정약용은 이가환과 이승훈을 만나 이익의 사상을 공부하면서 세상을 보는 눈이 달라졌다. 당시 조선에서는 접하기 어려운 새로운 개념의 사상과 신학문이었다. 호기심이 많은 젊은 정약용이 본 서방 세계는 참으로 신선하고 매력적이었다. 그가 천주교를 접하고 매료되기 시작한 것도 이 무렵이었다.

정약용은 명문가의 딸과 결혼하여 아들 여섯에 딸 셋을 낳았으나, 여섯을 잃고 아들 둘과 딸 하나만을 키웠다.

예나 지금이나 자식이 먼저 죽으면 '가슴 속에 묻었다.'라고 표현한다. 너무나 슬프고 잊혀지지 않기 때문일 것이다. 정약용은 그런 자식을 여섯이나 가슴에 묻었으니 그 마음이 오죽했으랴. 그런 이유때문인지 후일 정약용은 유배 생활 내내 자식들과 수시로 편지를 주고받으며 소통하였다.

세상으로 진출

출세의 길

조선 시대 양반 집 사내아이는 열심히 공부하여 과거 시험에 합격을 하고, 혼인하여 가문을 지키고 스스로를 세워야 했다. 출세가 전부인 시대였다. 출세하지 못하면 양반집 사내로서의 역할을 제대로 할 수가 없었다.

조선은 유교 국가였다. 스스로를 갈고 닦아 인격이 완성된 후 치인(治人)하라는 수기치인(修己治人)을 행동 강령으로 삼았으며, 인(仁)을 근본으로 조국을 위해 헌신하고 국왕에게 충성하며 백성을 위해 봉사할 수 있을 때 비로소 출세한 것으로 보았다.

마찬가지로 정약용도 양반집 아들로 태어났으니 공부를 하고 벼슬을 해야 했다. 벼슬길로 가는 방법이 과거 시험이었는데, 스무 살 때 정약용은 경상도 예천으로 내려가 공부하였으나 과거 시험에 낙방했다.

이 무렵 딸이 태어났으나 5일 만에 죽었다. 슬픈 마음을 다잡은 정약용은 스물한 살에 지금의 서울 강남에 있는 봉은사로 들어가 본격적으로 공부하기 시작했다. 참고로 조선 시대에는 이곳이 경기도 광주 땅이었다. 말하자면 정약용의 고향 지역에 있는 사찰 중 하나였다. 마재리 집에서 봉은사까지는 교통이 좋았다. 한강의 배를 이용하면 육로보다 빠르게 이동할 수 있어 선택한 곳이었다.

정약용은 형인 정약전과 함께 공부하고 싶었다. 네 살 위인 정약전을 어린 시절부터 잘 따랐고, 많은 것을 의지했기 때문이다. 형 정약전은 벼슬에 큰 관심이 없어 과거 시험에 적극적이지 않았지만 정약용의 끈질긴 설득 끝에 형과 함께 봉은사에서 공부하게 되었다.

과거 시험을 보기 전에 정약용이 쓴 글을 보면, 그의 비판적 사고와 백성을 먼저 생각하는 관리자의 자질은 이미 타고난 듯했다.

짓무르고 곪아서 썩은 지 이미 오랜데(脆釀久已腐)
내 창자 씻어 낼 약 어디서 구할 손가(安得洗腸藥)

두 사람은 봉은사에서 열심히 공부하여 정약용 나이 스물두 살 되는 초봄에 둘째 형 정약전과 함께 세자 책봉을 경축하는 중

광감시에서 나란히 합격하였다. 출세의 첫 단계인 과거 시험에 형제가 함께 합격하는 영광을 얻었고, 더 나아가 정약용은 4월 회시에서 수석으로 합격하여 진사가 되었다.

참고로, 조선에서 인재를 고르는 과거 제도는 형식으로만 본다면 아주 훌륭한 제도이다. 그러나 돈과 권력에 의해 당락이 결정되는 아주 부패한 제도로 전락되어 사실상 가난한 선비가 과거 시험에 합격한다는 것은 아주 어려운 일이 되고 말았다. 이를 잘 아는 정조는 과거 시험을 직접 챙겼다.

정약용은 초시에 합격하였지만 갈 길이 멀었다. 최종 합격하기까지는 총 9단계를 통과해야 하는데, 이제 겨우 첫 관문을 통과한 것이었다. 초시를 합격하면 성균관에 들어가 교육 과정을 이수하고 테스트를 거쳐 최종 33명을 선발한다. 우리가 흔히 과거 시험에 합격했다고 하는 말은 최종 33명에 뽑혔다는 것을 의미한다. 한 집안의 명운을 결정하는 과거 시험 제도는 양반가에서도 4대를 초시에 낙방하면 양반 가문이 아니라 할 정도로 위력이 있었다.

정약용의 나이 스물두 살에 장남 학연이 태어났다. 이 무렵 그는 자신의 인생에서 가장 존경하는 인물을 만나게 되는데 그가 바로 정조 임금이었다. 정약용의 천재성을 알아보고 세상의 중심에 세워 발전시킨 존재가 정조였다. 무능한 조선을 통째로 바꾸어보려는 야심찬 군주와 젊은 신하 정약용의 첫 만남은 그야

말로 풍운지회(風雲之會)와 같았다.

정조는 성균관에 자주 들러 학생들을 만나 대화하고, 직접 문제를 내어주며 답변을 요구하기도 했다. 이곳에서 정약용은 정조의 눈에 들어 예쁨을 받기도 했으나 최종 시험인 대과에는 연속적으로 낙방하게 된다. 대과에서의 낙방은 불행한 일이지만 이로 인해 정약용과 정조는 자주 만날 수 있었고 대화할 수 있는 기회를 얻게 되었다.

미래를 보는 안목과 능력은 뛰어났지만 대과 시험에서 낙방을 거듭하던 정약용은 28세 되던 해에 드디어 갑과(甲科)에 차석으로 합격했다. 첫 관직은 중종의 첫 번째 계비인 장경왕후 윤씨의 무덤인 희릉 직장(直長)에 임명되어 능을 관리하는 일이었다. 그러나 얼마 지나지 않아 정약용은 초계문신(抄啓文臣)으로 선발된다. 초계문신제는 재능 있는 젊은 문신들을 의정부에서 선발하여 규장각에서 교육시키는 특별 제도였다.

조선 개혁을 위한 인재 양성이 필요했던 시기였다. 초계문신들에게는 신분이나 경제적 보장 조치가 취해졌고, 잡무도 면제되었다. 정조가 직접 나와 이들을 지도 편달하는 행사도 있었다. 젊고 패기 넘치는 문신들을 재교육함으로써 인재를 양성하고, 나아가 개혁을 이끌어갈 친위 세력을 만들고자 했다. 정약용은 개혁 군주 정조와의 만남이 잦아졌고, 대학을 강의하기도 했다. 관직 등급은 종7품을 거쳐 정7품이 되었다.

정조와의 만남

공부하는 임금과 정약용

정조는 평생 죽음의 공포에서 자유로울 수 없었다. 열한 살 어린 나이에 아버지 사도세자의 죽음을 목격했기 때문이다. 새벽닭이 울고 나서야 잠을 잘 수 있었던 것도 이런 연유였을 것이다.

세월이 지나 영조의 시대가 끝날 무렵 어린 정조의 대리청정이 시작되었다. 정조의 대리청정은 상당수 대신들에게 불안 요소 중 하나가 되었다. 사도세자를 죽음으로 몰아간 사람들이 바로 할아버지 영조의 지원 세력인 노론 벽파였기 때문이다. 이들에게는 자신들에게 곧 칼끝을 겨눌 절대 권력자가 등장한 셈이었다. 급기야 이들은 어린 정조의 대리청정 자체를 막으려는 시도도 서슴지 않았다.

1776년 3월 영조가 승하하면서 그의 손자 정조가 조선의 제22

대 왕으로 등극했다. 차츰 왕권이 확립되기 시작하면서 사도세자를 죽이는 데 가담했거나 세손 시절 자신을 핍박했던 정치 세력들은 위기감을 느끼고 어린 정조의 암살을 계획한다.

노론 벽파의 주도하에 사도세자의 행동을 과장되게 영조에게 보고하여 세자를 죽게 만든 문신 홍계희 집안에서 거사가 추진되었다.

홍계희의 아들이 황해도 관찰사로 있을 때 죄를 지은 범인을 숨겨주었다는 이유로 유배형을 받게 되자 결과에 만족하지 못한 그의 아들 홍상범이 은전군을 옹립해야 한다는 명분으로 정조의 암살을 시도했지만, 정조의 호위무사에 의해 발각되었다. 이 사건으로 충격을 받은 정조는 재위 기간 내내 암살 위협에 시달렸다고 한다. 어둡고 적막한 궁 안의 밤이 두려워 밤잠을 잘 수 없을 때는 책을 펴놓고 공부했다.

아마도 필자의 생각으로는 조선의 임금 중에서 가장 풍부한 학식을 가진 임금이 정조가 아니었을까 생각해본다.

비록 짧은 재임 기간이었지만 늘 공부하고 실천하려 했던 군주 정조를 만난 조선의 백성은 행복했을 것이다.

무능하고 부패한 나라를 개혁하기 위해서는 새로운 인재가 절실히 필요했다. 이때 정조의 눈에 정약용이 들어온 것이다. 두 사람의 대화는 스승과 학생 같았다. 총명하고 학식이 많았던 정약용이지만 늘 공부하는 정조의 통치 철학과 학식을 쫓아갈 수 없었다. 정약용보다 10살이 많은 정조는 비록 한 나라의 군주였지만 그는 군신 관계를 넘어 제자처럼 정약용을 대했다.

정약용의 개혁적 성향은 정조에게 배웠다고 봐야할 것이다. 정약용은 큰 스승을 만났고, 정조는 총명한 제자를 얻은 것이다.

정조와 다산

암행어사 정약용

정약용의 나이 서른한 살에 진주 목사로 있던 아버지가 사망했다. 정약용은 아버지의 3년 상을 마친 뒤 서른세 살에 정조의 부름으로 다시 세상에 나왔다.

단풍잎이 거의 지고 쌀쌀해지는 늦가을 음력 10월에 정약용은 경기도 북부 몇 곳을 염찰하라는 어명을 받았다. 지방에 내려가 왕명을 직접 수행하는 암행어사였다. 탐관오리들에게 양곡을 빼앗기거나, 권력에 의해 억울하게 피해를 보는 백성들의 실태를 살펴 낱낱이 보고하라는 정조의 어명이었다.

정조는 전임 암행어사들이 직무를 제대로 수행하지 못한 경우를 일일이 설명하면서 암행어사로서의 임무를 명했다. 어명을 받은 정약용은 패기 넘치는 나이였고, 조선의 개혁을 꿈꾸고 있는 야심찬 젊은이었다.

사실은 경기도 북부 지역에 사는 백성들이 탐관오리들의 부정부패를 막아 달라는 민원을 올렸던 것이다. 민원을 접수한 정조는 흉년으로 힘들어하는 백성들은 돌보지 않고 권력을 앞세워 착취를 일삼는 권력자들을 정리하지 않고서는 나라를 개혁할 수는 없다고 판단하여 젊은 신하 15명을 어사로 임명하여 전국각지로 내려 보내게 되었다. 그중의 한 사람이 정약용이었다.

"수령들의 잘못을 규찰하고 백성들의 어려움을 살피는 것이 어사가 해야 할 일이니 본분을 지켜 수행하라."

정약용이 살펴보아야 할 지역은 경기 북부의 적성, 마전, 연천과 삭녕 등 네 고을이었다. 정약용은 경기도 고양으로 내려가 은밀히 조사를 시작하였다. 그동안 관리들의 탐욕스러운 수탈과 착취로 백성들의 궁핍함이 한눈에 들어왔다. 그들은 백성들을 위해 존재하는 자들이 아니라 자신의 배를 불리기 위해 권력을 남용하는 부패한 관리들이었다. 그중에 특히 전직 연천현감 김양직과 전직 삭녕군수 강명길의 부정부패가 눈에 띄었다.

김양직은 연천 현감 시절에 곳간의 환곡을 가난한 고을 백성들에게 빌려 준 후 가을에 터무니없이 높은 이자를 받아 그 차액의 일부를 자신이 챙기는 악질 관리였다. 환곡은 흉년이나 춘궁기에 배고픈 백성에게 곡식을 대여하고 가을 추수 때 조금의 이자를 붙여서 환수하는 제도이다.

강명길도 군수 시절에 가난한 백성들이 스스로 개간한 화전에 나라가 정한 세금의 몇 배를 강제로 거둔 후 상당 부분을 개인이 착복하였다. 또한 그는 부평부사로 자리를 옮기고도 그 버릇을 버리지 않고 못된 행위를 이어가고 있었다. 정약용은 화가 났다. 나라의 녹을 먹는 관리는 백성의 생활을 살피고 그들의 고민을 같이 나눌 수 있어야 하는 것이 기본인데, 참으로 안타까웠다.

시냇가 찌그러진 집은 뚝배기 같고
북풍에 이엉 걷혀 서까래만 앙상하다
묵은 재에 눈이 덮여 부엌은 차디차고
체의 눈처럼 뚫린 벽에 별빛이 비쳐든다
집안에 물건들은 초라하기 짝이 없어

모두 다 팔아도 칠팔 푼이 아니 되네
벽에는 개 꼬랑지 같은 조 이삭 세 줄기와
닭의 창자같이 비틀어진 고추 한 꿰미
깨진 항아리 물새는 곳은 헝겊으로 때웠고
주저앉는 시렁은 새끼줄로 얽어맸네
……

위 시는 「봉지염찰도적성촌사작(奉旨廉察到積城村舍作)」 '적성
촌에서'라는 시의 일부이다.

교지를 받들어 순찰하던 중 적성마을 초가에서 지었다. 정약
용은 보름 동안의 염찰을 마치고 한양으로 들어왔다. 직접 돌아
보고 느낀 벼슬아치들의 행태와 가렴주구에 대해서는 가감 없이
있는 그대로 기록하여 올렸다.

강명길과 김양직의 부정부패에 대해 용서할 수 없는 죄를 지
었으니 엄하게 벌해야 된다고 올렸다. 정조는 매우 곤혹스러워
했다. 왜냐하면 강명길은 정조 임금의 건강을 책임지는 내의원
의 태의를 지냈던 인물로 자신의 건강을 지켜준 보답으로 지방
수령 자리를 준 것이었다. 그리고 김양직은 사도세자의 묏자리
인 수원 현륭원의 터를 잡아준 인물로 정조의 신임이 두터워 연
천현감 자리를 준 것이었다.

법의 적용은 권력을 가진 신하로부터 시작되어야 한다는 정약

용의 충언으로 정조는 잠시 난감해졌지만 사사로운 감정을 배제하고 이들을 유배형에 처했다.

암행어사 정약용

다음은 암행어사를 하면서 느낀 농촌마을의 참혹함을 표현한 「기민시(飢民詩)」이다.

인생이 만약 초목이라면
물과 흙만으로 살아가련만
열심히 일을 해야 겨우 먹는 곡식
그나마 형편없는 콩과 조뿐이라네
어쩌다 이마저도 주옥같이 비싸니
영양과 혈기는 어디서 나올 손가
마른 목은 휘어진 따오기 모양이고
병든 살갗은 주름져 닭살 같구나
우물이 있다 해도 새벽 물 긷지 않고
땔감은 넉넉하나 저녁밥 짓지 못해
팔다리는 아직 움직일 나이인데
굵은 다리론 걸음조차 불편하다
해저녁 들판에 바람이 서글픈데
한 무리 기러기들 어디로 날아가나
......

부모님 상중에 수원 화성을 설계하다

정조는 수원에 신도시를 건설할 계획을 세웠다. 정치적으로 찬반이 있을 수 있다고 판단한 정조는 비밀리에 이를 추진하고자 했다. 마침 부친상을 당해 휴직 중인 정약용을 찾아 자신의 계획을 설명했다.

새로운 도약과 혁명에 가까운 변화를 이끌어내기 위해서는 수원 화성이 반드시 필요하다고 본 정조의 설명과 어명을 받은 정약용은 불철주야 자료를 모으고 연구하여 설계의 초안을 완성한다.

대략 10년이 걸릴 것으로 예상했던 공사는 착공 34개월만인 1796년 9월에 낙성연을 치렀다. 공사에 투입된 인원은 목수 3035명, 미장이 295명, 석수 642명을 비롯해 기술자만 11만 820명이 동원되었고, 석재 18만 7600개, 벽돌 69만 5000장이 들었다.

『화성성역의궤』에는 공사에 참가한 각계각층의 사람들 이름이 자세히 수록되어 있다. 목수, 석수, 미장이 등의 기술자와 관료에서 하급 포졸의 이름은 물론, 의궤를 간인한 관원의 이름까지도 기록되어 있다. 그러나 수원 화성을 설계한 사람이 정조로만 기록되어 있을 뿐 정약용의 이름은 빠져 있다.

비밀리에 진행되어 온 축성 계획이 공개 발표되기 전에 정약용이 작성한 기본 설계도가 정조에게 보고되었지만, 정약용의 이름이 빠져있는 이유는 무엇일까?

그 이유를 정확하게 알 수는 없으나, 처음 정조가 축성 계획을 세웠다 하여 그렇게 기록하였을 수도 있고, 천주교 사건에 연루된 죄인을 기록에 남겨둘 수 없다고 판단하여 모든 기록에서 그의 이름을 지웠을 수도 있다. 그러나 정약용이 수원 화성 계획에 깊이 관여하였고, 그것에 대한 초안을 만들었다는 사실은 정약용 본인이 직접 쓴 묘지명에는 기록되어 있다.

아무튼 정약용은 수원 화성을 최초 설계하였고, 건설 현장에서 사용할 여러 도구를 직접 만들어 사용하였다. 특히, 놀라운 것은 거중기였다. 거중기는 정약용이 직접 설계하여 만든 것으로 무거운 물건을 큰 힘을 들이지 않고 들어 올릴 수 있는 건설 기계이다. 거중기의 발명은 처음 예상했던 공사 기간을 단축하고 공사비를 줄이는 데 큰 공헌을 했다.

정약용, 배다리를 설계하다

1795년은 정조가 즉위한 지 20년이 되는 해이고, 어머니 혜경궁 홍씨의 환갑 해였다. 효심이 지극했던 정조는 자신이 구상한 수원 화성을 보여드리고 싶었다. 그러나 1천7백여 명이 넘는 대규모 인원과 부대시설에 필요한 자재 등을 어떻게 화성까지 이동시킬 것인지, 특히 무거운 장비 등을 수레나 우마에 싣고 한강을 건너가야 할 일은 큰 과제였다.

정조는 오랜 고민 끝에 정약용을 직접 불러 방안을 찾아보라고 지시했다. 이때가 정약용의 나이 서른네 살이었다.

실학자인 정약용은 왕실의 인원이 한꺼번에 한강을 건널 수 있는 가장 좋은 방법은 한강에 다리를 놓는 것이라 생각했다. 자료를 찾아보니 과거 중종 임금이 성종의 묘소인 선릉을 참배하기 위해 배다리를 놓아 강물을 건넌 기록이 있었다.

정약용은 과거 기록들을 참고하여 1795년 2월 24일 조선 시대 최고의 배다리 건설 계획을 완성하였다. 배다리가 건설될 장소는 노량으로 확정되었는데, 노량은 양쪽 언덕이 높고 수심이 깊은 반면 물 흐름이 느리고, 강폭도 좁아서 배다리를 건설하기에 최상의 조건을 갖추고 있었다.

배는 한강을 오가는 선박들을 활용하였다. 새롭게 배를 만드는 것이 아니라 기존에 곡물이나 어물을 운송하는 선주들에게 비용을 지불하고 잠시 배를 빌려 쓰기로 하였다. 시간도 절약하고 비용도 크게 줄일 수 있었다.

정약용의 지휘 아래 배를 가로로 엇갈리게 배치한 다음 각각의 배를 막대기로 연결하여 전체가 하나가 될 수 있게 했다.

배다리는 가운데를 높게 제작하였고 양 옆에는 작은 배들을 배치했다. 배들의 설치가 끝난 후에는 소나무 판자를 이용하여 횡판을 만들었고, 그 위에는 잔디를 깔았다. 배다리의 폭은 약

한강주교환어도, 출처: 국립고궁박물관

7.2미터였다. 그 당시 한강을 건너는 장면이 그려진「한강주교환어도」를 보면 최대 9명이 횡렬로 서서 한강을 건너는 것을 볼 수 있다. 배다리의 양편에는 난간을 설치했다. 또한 배다리의 양끝과 중간 지점에 왕의 권위를 상징하는 홍살문을 세웠다.

배다리의 총책임자는 서용보였지만, 설계 및 시공을 현장에서 진두지휘 한 사람이 바로 정약용이었다. 실학 정신을 바탕으로 한 과학적 설계로 조선 최고의 배다리가 완성되었다. 시대를 앞선 정약용의 공학적 사고가 돋보이는 순간이었다.

정약용과 서학 그리고 천주교

세상은 정조의 뜻대로 흘러가지 않았다. 정약용의 나이 서른네 살에 조선을 뒤흔든 이른바 천주교 사건이 일어났다. 정약용은 1784년 큰형 정약현의 처남인 이벽에게서 천주교에 대한 교리를 듣고 천주교에 입교했다는 내용을「선중씨묘지명」에서 밝혔다.

> "천지가 창조되는 시원이나 신체와 영혼 또는 삶과 죽음
> 의 이치에 관하여 들었다. 너무나 새로워 놀랐다. 서울에
> 서 이벽을 만나『천주실의』와『칠극』등 몇 권의 책을 읽
> 고 마음이 기울어졌다."

그동안 유불선으로 대표되는 조선의 종교는 모두 인간 중심의 종교였다. 사람이 인을 실천하면 성인군자가 된다는 유교 이론, 깨달음을 통해 자신이 부처가 될 수 있다는 불교 사상, 사람이 도를 통하면 신선이 된다는 선교 철학 등은 모두가 인간 중심적이다. 그러나 정약용이 만난 천주교는 하느님이 인간을 창조했으며, 창조자에게 의지하고 기도하면 모든 것이 이루어진다는 것에 놀랍고 신기할 수밖에 없었다.

정약용의 집안은 조선의 천주교 전래 과정에 중요한 역할을 했다. 특히, 정약용의 매형인 이승훈은 스스로 북경에 있던 장 그라몽(Jean-Joseph de Grammont)을 찾아가 천주 교리를 배운 사람이었다. 1784년 2월에 '베드로'라는 이름으로 영세를 받은 이승훈은 누구에게 선교를 당한 것이 아니라 스스로 종교를 찾아다니며 공부한 사람이었다. 또한 큰 형의 처남인 이벽도 선교사가 없는 상태에서 스스로 천주교 조직을 만들어 낸 인물이었다. 그는 안타깝게도 일찍 죽었지만, 조선 교회를 조직화하는 데 큰 역할을 한 사람으로, 정약용은 그에게서 천주교에 대한 첫 가르침을 받았다.

정약용에게 천주교는 운명적으로 다가왔다. 이승훈이 세례를 받은 날이 한국 천주교가 시작된 날이다. 귀국한 베드로 이승훈에게서 세례를 받은 이벽은 도성에 있는 수표교의 자기 집에서 선비와 중인들을 대상으로 천주교를 전파했다. 이후 조금씩 모

임이 커지면서 역관 김범우의 집을 집회 장소로 이용하기도 했
는데, 그곳이 바로 지금의 명동 성당 자리이다. 이렇듯 정약용의
주변이 조선 천주교 초기의 역사이자 천주교의 중심이었다.

1785년 천주교 집회 현장이 발각되어 장소를 제공한 김범우는
혹독한 고문을 받고 밀양으로 귀양을 가 2년 만에 죽었다.

정약용은 형제들 중 가장 먼저 세례를 받은 사람이었다. 지적
호기심이 강한 정약용은 이승훈에게서 세례를 받았는데, 세례명
은 '요한'이었다.

우리가 알고 있는 조선인 최초의 순교자인 윤지충은 정약용
의 외사촌이다. 다시 말하면, 정약용의 어머니가 윤지충의 고모
이다.

외삼촌의 아들인 윤지충은 사촌 정약용을 통해 천주교를 처음
알게 되지만, 1787년 베드로 이승훈에게서 세례를 받았다. 이후
윤지충은 동생 윤지헌을 비롯하여 외사촌 권상연 등에게 교리를
가르쳤다.

조선의 천주교는 이 땅에서 무리 없이 안착하는 듯 했으나 문
제가 생기고 말았다. 1790년 북경 교구장인 구베아 주교가 로마
가톨릭 교회에 청원하여 조선의 교인들은 제사를 금하라는 이른
바 '제사 금지령'을 내린 것이 발단이 되었다. 윤지충은 지침을
따르고자 집안에 있던 조상의 신주를 불살랐고, 1791년 여름 모
친상을 당했을 때에는 어머니의 유언대로 조문을 받지 않고 로

마 가톨릭 예식으로 장례를 치러 종친들을 분노케 했다. 이 소문이 중앙에 전해지자 정조는 천주교 탄압을 주장하는 노론 벽파의 손을 들어주면서 사회도덕을 문란케 하고 부모와 국왕을 인정하지 않는 무부무군(無父無君)의 사상을 신봉한 죄명으로 윤지충을 체포하라는 어명을 내렸다. 체포된 윤지충은 심한 고문에도 끝까지 신앙을 버리지 않고 죽음을 택했다. 이 사건으로 천주교는 더욱더 박해를 받게 되었고, 정약용 주변은 어려움을 당하게 되었다.

정조가 승하하고 순조가 즉위하자 노론 벽파들은 천주교 신자들이 많은 남인파를 제거하기 위해 1801년 신유박해를 일으켰다. 사건이 크게 확대되었지만 먼저 세례를 받은 정약용과 둘째 형인 정약전은 배교하여 목숨을 건졌고, 뒤늦게 형 정약전에 의해 천주교에 발을 들인 셋째 형 정약종은 스스로 관아에 나아가 신자임을 밝히고 순교했다. 4형제 중 맏형인 정약현은 천주교를 신봉하지 않아 사화에 연루되지는 않았지만 사위와의 연계로 인해 많은 어려움을 당하며 고향에서 살았다.

천주교와 결별을 선언한 정약용은 이후 천주교를 서학(西學)으로만 받아들이기 시작했다. 서학은 천주교와 함께 조선에 들어왔기 때문에 당시로서는 구별하기가 애매하였지만, 정약용은 서양의 사상과 그들의 종교인 천주교를 분명히 구별하여, 종교와 사상은 조선의 문화가 된 유교를 신봉하고 앞선 과학 기술이나 서양 사상은 밖에서 배워야 한다는 뜻을 천명했다.

천문, 농경, 측량 등에 대한 서양의 과학 기술은 조선의 그것과는 너무나 다른 문명이었기 때문에 정약용은 처음부터 서학이 신선했고, 천주교 또한 처음 접하는 것이기 때문에 호기심에 빠져들기 시작한 것이었다.

드디어 목민관의 길을 가다

1799년에 정약용은 승정원 동부승지가 되었으나 천주교 신부인 주문모 신부가 전교를 하다가 적발되어 정국이 소란스러웠다. 정약용은 자신을 시샘하던 정치 세력에게 빌미를 주지 않기 위해 승정원 동부승지를 사직하고 집에서 쉬고 있었다. 그러나 정조는 다시 정약용을 불러 곡산부사직을 임명했다.

조선의 관리 임용은 해당 부서에서 후보자 세 명을 추천하여 올리면 그중 한 명의 이름 위에 임금이 점을 찍어 임명한다. 정약용이 고향 마을에 내려와 있을 때 곡산부사가 공석이었다. 처음 이조에서 올린 명단에 정약용의 이름이 빠져 있었지만 정조가 직접 정약용의 이름을 쓰고 그 위에 점을 찍었다. 이른바 첨서락점(添書落點)이었다. 이는 극히 이례적인 일이었다.

정조는 젊은 인재 정약용을 어떻게든 키우고 보호하려 했다. 천주교 문제로 정국이 시끄러울 때 정약용을 지켜주기 위한 방편이 황해도 곡산부사로 잠시 내보는 것이라 판단했다. 명분은 좌천의 성격을 띤 것이었지만 정약용에게는 하늘이 내려준 기회이자 목민관으로서의 첫 경험이었다. 민란이 일어날 것 같은 곡산의 소요 사태를 슬기롭게 수습한 경험은 이후 목민심서를 저술하는 데 큰 도움이 되었다. 아무튼 곡산부사의 임명으로 정약용은 서로 물고 물리는 중앙 정치의 권력 암투에서 잠시 신변의 안위를 지키고 자신의 능력을 시험해 볼 수 있었다.

잘못된 관례를 고치다

정약용의 생각은 파격적이었다. 그는 늘 지금의 방식을 바꾸고 새로운 방법을 시도하곤 했다. 유교의 나라인 조선의 국가적 통치 개념은 백성이 갑(甲)일 때 국왕과 조정은 을(乙)이라 하여 백성을 우위에 두었지만, 실질적으로는 그 반대의 관계였다. 갈수록 고착화되어 버린 권력자들의 갑(甲)질과 그것을 감수해야 하는 을(乙)들의 현실은 심각하였다. 국가의 미래를 상상할 수 없는 현재의 관행들을 바로잡아 원래의 유교적 국가 통치 개념으로 돌려놓고 싶었다.

한 예로, 곡산부사 시절 관아가 낡고 허물어져 다시 짓기로 결정하였다. 설계가 끝나자 정약용은 건축에 쓰일 나무들을 종류와 크기별로 분류하고 비용을 세밀하게 산출했다. 그리고 사람을 불러 오늘 안으로 분류한 나무들을 찾아 모두 베도록 명했다. 하루 종일 큰 산을 다니며 나무를 베게 한 것은 중간에 아전들의 농간을 막기 위해서였다. 이렇게 나무 베는 일이 마무리되자 정약용은 곧바로 다음 작업을 지시하였다. 산에 베어놓은 목재들을 공사 현장까지 손쉽게 운반할 수 있는 유형거 등을 만들라 지시한 것이다. 이렇게 하여 짧은 시간에 목재를 모두 준비한 뒤, 정약용은 아전과 장교 그리고 관아에 소속된 노비들에게 말했다.

> "새로 지을 관아는 내가 살 집도 아니고 백성이 이곳에서 살 리도 없다. 이 집은 가장 오랫동안 머무는 그대들의 집이 되는 것이다. 어쩌다 백성들이 관아에 들어오기는 하겠지만 이곳이 여유를 즐기며 쉬어가는 곳은 아니니라."

정약용은 곡산 관아가 백성들의 것이 아니라 관아에 항상 머무는 아전들과 노비들의 것이니 그대들이 직접 이 집을 지어야 한다는 뜻으로 말했다.

그렇지 않아도 힘들게 살고 있는 백성들을 관아 신축 현장에 동원하게 되면 생업에 막대한 피해가 있을 것을 정약용은 알고 있었기 때문에 내린 결정이었다.

관아의 도량형을 확인하다

　정약용은 곡산부사 시절 가좌책자(家坐冊子)를 다시 만들었다. 가좌책자는 고을 백성들의 집과 가족관계 및 생활수준 등을 기록한 책자이다. 세금을 부과하는 데 기준이 되는 것으로, 모든 지방관은 반드시 작성해야 했다. 하지만 가좌책자가 엉터리인 경우가 많았다. 세금을 더 거둘 수 있게 소득이 조작되어 있거나 조세 기준도 무시한 채 대충대충 기록되어 백성들이 고통을 겪고 있었다. 한 예로, 어느 지역 부호는 재산 명부를 작성하는 아전에게 뇌물을 주어 장부상 소득을 아주 미미하게 기록하도록 하였고, 권력층과 줄이 닿아 있는 부자들은 장부에서 자신의 재산을 누락시켜 세금을 한 푼도 내지 않게 만들어 놓았다.

　반면, 힘 없고 무지한 백성들은 세금을 더 거두기 위해 터무니 없이 소득을 부풀려 기록해 놓았다. 암행어사 시절 가좌책자의 잘못된 기록으로 힘들어하는 사람들을 여러 번 보아왔던 정약용은 백성들의 살림살이를 정확하게 파악한 후 가좌책자를 세밀하게 만들도록 지시했다. 향관과 이교 중에서 열 사람을 뽑아 임무를 맡겼다. 곡산 관아에서 관할하는 모든 백성들의 신분과 재산 상태를 다시 파악하고, 양역(良役)의 부과와 면제 여부를 작성하도록 했다. 심지어 우마의 수까지도 자세히 조사하게 했다. 그리고 조사하는 담당관들이 각 고을로 파견 나갈 때는 관아에서 출장 경비를 주어 일체 민폐를 끼치지 못하게 했다. 수원 화성을 지을 때 인부들에게 인건비를 지원했던 경험을 그대로 살렸다. 국사를 처리하는 사람들은 사소한 것이라도 백성들에게 피해가 가지 않게 해야 한다는 생각이었다.

조선 시대 양역은 16세부터 60세까지의 장정에게 부과하는 공역으로, 국가가 하는 일에 노동을 제공하는 것을 말하는데, 요역과 군역 등과 같이 노동의 종류에 따라 여러 명칭을 구분하여 사용하였다.

조선 후기 때 가좌책자는 백성들에게는 생사여탈의 문서나 마찬가지였는데, 그동안 잘못된 기록이 너무 많아 국가를 불신하는 씨앗이 되었다.

정약용은 모든 것을 파악한 뒤 새로운 가좌책자를 만들었다. 관할하고 있는 모든 마을의 가구 수와 생활 정도가 손바닥처럼 드러나게 만들었다. 누구도 부정을 할 수가 없었다. 행여 가난한 사람의 신상이 적혀있으면 담당 아전을 불러 확인하기를 반복했다.

"이 사람은 홀아비이며 불구자다. 군포를 낼 여력이 있겠는가."

아전과 장교들은 정확한 자료를 들고 확인하는 정약용을 당할 수가 없었다. 뿐만 아니라 군포는 백성들이 직접 관아의 뜰에 가져와 납부하게 했다. 군포 과정에서 아전들의 농간이 끼어들지 못하게 하기 위해서였다. 그동안 아전들은 군포의 길이가 짧다며 퇴짜를 놓기 일쑤였지만 이것 또한 이제는 통하지 않았다.

정약용은 어느 날 군포의 길이를 재는 낙인척이 이상한 것 같아 확인해보니 곡산부에서 길이를 재기 위해 만든 낙인척, 즉 자의 길이가 엉터리였다.

국조오례의에서 포목을 재는 자와 비교하여 2촌(약 6cm)이나 차이가 났다. 이곳의 낙인척이 2촌 더 길었다. 정약용은 국조오례의 규정에 맞게 자를 다시 제작해 사용하였다. 지금껏 백성들은 아전의 농간으로 2촌이나 긴 자에 맞추어 군포를 납부해 왔던 것이다.

정약용이 약 2년간의 곡산부사 외직을 마치고 귀경하자 정조는 1799년 그를 다시 형조참의에 임명하였다. 정약용의 나이 서른여덟 살이었다.

죄인에게도 인권이 있다

조선에서 유배형은 사형 다음으로 무거운 형벌이었다. 유배는 큰 범죄를 저지른 사람을 섬이나 벽지 등 한양에서 멀리 떨어진 시골로 보내어 격리하는 형벌 제도였다. 죄의 경중을 따져 유배지의 거리를 1000리, 2000리, 2500리, 3000리 등으로 구분하였고, 정치적 사안이 큰 범죄자나 사회적으로 여론이 좋지 않은 죄인에게 주로 활용되었다. 유배는 모반 사건 관련자와 불충 같은 중한 범죄자부터 술주정과 풍속을 해치는 자 및 직무를 태만한 자, 불효자, 이외에도 법을 어기고 술을 빚은 사람까지 다양했다. 그러나 실제로는 중앙의 권력 다툼에서 패배하여 유배되는 경우가 가장 많았다.

당시 전국의 유배지 중에서 가장 험지로 꼽는 곳은 북쪽 변방이나 외딴 섬이었다. 그 중에서도 도망갈 수 없고 환경이 열악한 섬을 가장 혹독한 곳으로 분류하였다. 실제 조선 시대 유배지를 보면 주로 한양과 멀리 떨어진 북쪽의 삼수, 갑산을 비롯해 남쪽의 거제도, 남해, 진도, 제주도 등 섬들이 많았다.

유배자의 처우는 사람이나 지역에 따라 조금씩 달랐다. 예를 들어, 현지 지방관이 죄인의 거주지를 제공하고, 주민이 먹을 것을 해결해 주는 경우도 있고, 이와 반대로 의식주가 전혀 해결되지 않아 구걸하거나 품을 팔면서 살아야 할 경우도 있었다.

물론, 유배자 중의 일부는 유배지에서 지역민과 활발하게 교류하면서 제자를 양성하고 학문과 교육 활동을 활발하게 전개하기도 했다.

죄의 경중이나 사람에 따라서는 정해진 범위 내에서 행동의 자유가 보장되고 가족이나 하인을 데리고 주택을 매입하여 생활

하는 경우도 있었다. 특별한 죄인을 제외하고는 신체적 구속을 직접 당하거나 가족 및 외부 접촉이 차단되지는 않았다. 따라서 유배형은 유배 생활 그 자체의 고통보다는 중앙에서 멀리 떨어져 있기 때문에 정치나 사회적으로 고립되었다는 심리적 고통이 견디기 힘들었다.

나라에서는 좁은 지역에 유배자가 많이 몰리면 지역 주민들에게 피해가 갈 수 있다 하여 한 지역의 유배자 수를 10명 이내로 제한하는 규정이 있었다.

정약용은 자신이 유배를 가기 몇 해 전인 곡산부사 시절 유배자들을 관리한 적이 있었다. 그 당시 곡산에는 10여 명의 유배자가 있었는데, 그들의 숙식에 대하여 아전에 물어보니 곡산마을 400호를 매일 한 집 한 집 돌아다니며 얻어먹고 산다고 했다.

세상 인심이 유배자들에게 후할 리가 없어서 거지나 마찬가지였다. 알아서 먹고 잘 곳을 마련하라는 뜻이었다. 이들의 먹을 것과 잘 곳을 챙겨야 하는 마을 사람들도 부담스럽기는 마찬가지였다. 유배자들은 고통을 호소하며 차라리 죽기를 원했다. 정약용은 유배자들의 침식 문제를 해결하기 위해 이곳 지역의 가용 자산을 조사했다.

화전세에서 조금 여유가 있었다. 화전세는 화전을 일구어 살아가는 사람들에게 걷는 조세였다. 정약용은 화전세를 활용해 겸제원을 짓고 유배자들의 숙식을 제공했다.

그 후 몇 년의 세월이 흐른 뒤, 정약용은 황사영 사건으로 인하여 어려움을 겪게 되었다. 정약용은 이 사건과 크게 관련이 없는데도 불구하고 노론 측의 공격은 계속되었다.

그들의 압박은 점점 강해져 정약용의 목숨도 위태로워졌다. 그러나 뜻밖에 황해도에서 관찰사로 있다가 돌아온 정일환이라는 사람이 나타나 정약용을 살려야 한다고 주장했다. 그는 노론 출신으로 남인과는 대립 관계였지만, 정약용이 곡산부사 시절 주민들에게 선정을 베풀어 칭송을 받고 있다는 사실을 잘 알고 있었다.

> "만약 정약용에게 사형을 집행하면 민심은 반드시 옥사를 잘못 처리했다고 할 것이니 살려주어야 합니다."

곡산 부사 때의 선정이 그의 목숨을 살렸다.

목민관은 현지에서 일어나는 여러 일들의 진위 여부와 실행 여부를 직접 확인하는 행정을 펼쳐야 한다고 생각했고, 죄인에게도 최소한의 의식주나 기본적인 인권을 보장해 주는 것이 지도자의 덕목이라 강조했다.

정조의 죽음과 조선의 몰락

천주교 문제로 정약용은 벼슬을 접고 고향으로 내려와 쉬고 있었다. 야망과 열정을 내려놓고, 모처럼 한가로운 시간을 보내고 있던 6월에 정조의 부름이 있었다.

> "요즘 책을 편찬할 일이 있어 바로 그대를 부르고 싶지만, 주자소 보수 공사가 그믐께 마무리된다고 하니 기다리고 있는 중이네. 경연에 참여할 수 있겠는가."

어명을 전하는 내각서리가 말하기를 전하께서 입궐을 준비하라는 유시를 내릴 때 서로 오랫동안 보지 못했다며 많이 그리워하는 얼굴빛이었고, 말씀이 온화하고 목소리가 너무나 부드러워 다른 때와는 사뭇 달라보였다고 했다. 정약용은 서리가 돌아가자 가슴이 먹먹해지며 눈물이 나기 시작했다. 마치 자상한 형이 동생을 챙겨주는 것 같은 전하의 다정한 성심 때문이었다.

새내기 풋것을 챙겨 오늘에 이르도록 해준 사람은 주상 전하였다. 스물두 살에 정조를 처음 만난 후 마흔을 바라보는 이 나이가 될 때까지 둘의 관계는 마치 형제처럼 정이 든 사이였다. 하지만 내각서리가 다녀간 얼마 뒤 정약용이 전해들은 소식은 임금의 환우가 예사롭지 않다는 것이었다. 다급한 마음에 서둘러 한양으로 달려갔지만 접견 금지로 인해 정조를 만날 수가 없었다. 분명 심각한 상황으로 치닫고 있음을 직감할 수 있었다.

1800년 6월 28일, 나이 49세에 정조는 숨을 거두었다. 조선의 개혁이 멈추는 순간이었다.

돌이켜보면, 정조가 죽기 몇 년 전부터 정약용의 삶은 위태로웠다. 직책의 변경으로만 보아도 알 수 있다. 34세에 병조참의로 임명되었다가 충청도 찰방으로 좌천되었고, 36세에 동부승지로 임명되었으나 사직하였다. 이후 정조가 그를 불러 외직인 곡산부사에 임명했다. 임기를 마치고 다시 병조참지 자리에 앉았으나 정적들의 반대에 자리에서 내려와 낙향했다. 모처럼의 여유를 고향에서 보내고 있던 중에 정조의 부름이 있었으나 정조의 병세가 악화되어 끝내 만나지 못했다.

정조는 자신이 아끼는 정약용을 비롯하여 개혁적이고 젊은 신하들을 끌어내리려는 세력들과 힘겨루기를 하다가 결국 죽게 된

정조의 죽음을 슬퍼하는 정약용

다. 그의 죽음은 빠르게 돌려야 할 조선의 시곗바늘을 멈추게 하는 결과를 가져온다. 정약용은 가장 존경했던 정조의 죽음으로 인한 충격에 한동안 망연했다. 곧 닥쳐올 조선의 미래가 암울하기만 했다.

우리는 흔히 조선을 전기, 중기, 후기로 구분하여 부르는데, 조선이 개국한 지 200년 되는 해에 일어난 임진왜란까지를 조선 전기라 하고, 그 후 정조 집권까지 대략 200년을 조선 중기, 그리고 정조 죽음 이후 조선이 멸망하기까지를 조선 후기로 구분한다.

조선 중기에 일어난 크고 작은 환란은 나라 전체에 엄청난 충격을 주었지만 정신을 차리지 못한 위정자들의 권력형 부패는 더해만 갔다. 큰 수술을 하지 않으면 회생하기 어려운 상황이 되었다. 장기 집권의 영조 시대가 끝나고 등장한 정조는 잠시 국가 개혁을 주창하며 인재 등용이나 서방 국가들의 신기술을 공부하기도 했지만, 갑작스런 정조의 죽음으로 조선의 미래는 암울해졌다.

한 나라의 흥망이 정조에 의해 좌지우지되지는 않았겠지만, 분명한 것은 그가 죽고 난 후 등장하는 후임 군주들은 하나같이 자신들의 왕권을 확립하지 못하였고, 측근과 인척들이 휘두르는 이른바 세도 정치와 당파 싸움으로 인해 조선은 무너지고 만다.

천주교, 정약용의 발목을 잡다

정약용은 아직 절반 밖에 살지 않은 인생을 회상하며 그동안 자신을 동생처럼 아껴준 정조에게 글을 썼다.

> "전하, 신 정약용은 천주교에 큰 관심을 가졌던 것이 아니라 서양의 학문, 특히 천문, 농정, 지리, 건축, 수리, 측량, 치료법 등의 과학적 지식과 서양의 사상을 공부하기 위해 서학에 능통한 천주교 신자를 만났던 것입니다. 중국의 고염무 같은 학자들은 벌써 천주학의 거짓됨을 환하게 알고 그 핵심을 깨뜨렸지만, 저는 멍청하게도 미혹되었으니, 이는 젊은 시절에 고루하고 식견이 짧아 그렇게 되었던 것입니다. 스스로를 부끄러워하고 후회한들 어찌 돌이킬 수 있겠습니까. 위로는 주상 전하의 심기를 불편하게 하였고, 아래로는 세상 사람들에게 나무람을 당하여 입신양명의 큰 의미가 무너졌습니다. 모든 것이 기왓장처럼 깨졌으니 살아서 무엇을 할 것이며, 죽어서는 어디로 돌아가겠습니까. 부디 저의 자리를 빼앗고 내쳐주십시오."

정조에게 올리는 사퇴의 글이었다. 정말 아무것도 하지 않고 쉬고 싶었다. 나랏일을 하면서 서로 대립만 하는 이곳에서 벗어나고 싶었다. 정약용이 올린 상소문을 읽고 정조는 답답해했다. 젊은 인재를 잃는 것이 너무나 안타까웠다.

132

"선(善)은 봄바람에 만물이 싹트듯 하고, 종이에 가득 열거한 그대의 말은 여러 사람들을 감동시키기에 충분했노라. 내가 그대의 뜻을 알았으니 사직하지는 말라."

정조는 정약용을 자기 곁에 머물게 하려 했지만 정약용은 다 내려놓고 그냥 쉬고 싶었다. 자신이 가장 존경하는 정조의 만류에도 벼슬을 내려놓고, 연초록 자연과 바람 좋은 봄날에 가족들과 함께 낙향했다.

복잡한 한양을 뒤로 하고 식솔들과 함께 고향으로 돌아가는 감회는 형언할 수 없는 새로움이었다. 벼슬살이를 했던 지난날들이 주마등처럼 스쳐갔다. 젊은 나이에 낙향을 하는 자신의 모습에 웃음이 나기도 했지만, 한때는 정조와 함께 백성을 걱정하고 미래를 논하던 젊은 지식인이었다. 그러나 마냥 후련하고 좋기만 한 것은 아니었다. 곧 닥쳐 올 자신의 미래를 직감하고 있었기 때문에 가슴 한 구석은 무거웠다.

정조는 청나라로부터 들어오는 신문물과 서양의 과학 기술에 대해서는 누구보다도 개방적이고 호의적인 사람이었다. 세계사를 보더라도 정조 재위 기간은 새로운 문물이 태동하고 정치의 시스템이 요동치는 시기였다. 그러나 안타깝게도 정조의 죽음은 정약용의 인생을 통째로 바꾸어 놓았다.

호시탐탐 명분을 찾고 있던 노론에게 정조의 죽음은 엄청난 기회가 되었다. 바로 천주교를 빌미로 사사건건 개혁을 운운하는 남인을 몰아내는 일이었다. 그 중심에 정약용이 있었기 때문이다.

우리나라에 천주교가 처음 소개된 것은 16세기 말에서 17세기 초였다. 처음에는 주로 명나라에 다녀온 사신이 서양의 자연 과학 서적과 더불어 천주교에 관한 번역 서적을 들여왔다. 초기 천주교는 종교로 인식되었던 것보다 서양 학문으로 이해되어 서학이라 하였다. 광해군 때의 이수광은『지봉유설』에서 마테오리치(Matteo Ricci)가 지은『천주실의』를 소개하며 천주교와 불교의 차이점을 이야기하기도 했다.

18세기 들어 실학이라는 새로운 학문이 싹트기 시작했고, 정조 때에 이르러 이익의 문하생들과 함께 남인 실학자들이 유교의 옛 경전을 연구하면서 천주(天主)를 하늘과 연관시켜 받아들이기 시작했다.

이 무렵 이익의 사상에 매료되었던 정약종, 정약전, 정약용, 권철신, 이벽 등 남인파 명사들이 한 명 한 명씩 천주교에 입교했다.

지식인들로부터 아주 자연스럽게 조선에 들어온 천주교의 세가 점점 커지기 시작하자 정치권의 해석은 복잡해지고 여론은 좋지 않은 쪽으로 확대되어 갔다.

결국 조선 조정에서는 천주교를 일러 사악한 무리들이 나라의 전통을 파괴하고 잘못된 것을 가르치는 사교집단(邪教集團)이라 규정했다. 천주교를 사교로 규정하였으니 그에 따른 국법이 개정되고 외국으로부터 관련 서적의 수입이 일체 금지되었다.

그 후 1790년 북경의 구베아 주교가 내린 제사 금지령이 도화선이 되어 유교와 극렬하게 대립하게 된다.

당시 조선은 유교를 신봉하는 충효의 국가였다. 조상의 제사도 지내지 않는 천주교를 믿으면 패륜적인 인간으로 변한다는 과장된 여론들이 만들어지기 시작하자 민심은 악화되기 시작했다. 결국 국론은 분열되고 마침내 조정은 천주교를 이 땅에서 제거해야만 하는 지경에 이른다. 이른바 최초의 천주교 박해 사건인 '신해사옥'으로 이어진다.

정조는 천주교를 비교적 관대하게 받아들였다. 그 이유는 새로운 기술과 사상이 있어야 나라를 개혁할 수 있다고 믿었기 때문이다. 그러나 서학과 천주교는 당파적인 싸움의 도구로 이용되다가 정조 사망 이후 '신유사옥'으로 크게 번져 이승훈, 정약종, 권철신 등 수백여 명의 신도와 청나라의 신부가 처형되고, 정약용과 정약전 형제가 유배되면서 마무리되었다.

유배와 인생의 황금기

최초의 유배, 경상도 장기

경상도 장기 땅으로 유배되어 가는 정약용은 조국의 미래를 위해 일해 보겠다던 열정이 이제 필요 없어졌음을 깨달았다. 형 정약종의 죽음을 슬퍼할 겨를도 없었다. 자신도 겨우 목숨을 부지해 귀양가는 처지라 한탄스럽고 난감하기만 했다.

정약용의 친인척 중 조카 정철상, 이승훈, 이가환 등과 그들의 주변 사람 백여 명이 참수를 당했고, 수백여 명이 유배를 간 아주 극한 상황이 되었다.

죄인 정약용은 귀양길에서 글을 썼다. 글이라도 써야 했다. 그 것은 극한의 고통을 잊기 위한 방편이었다. 귀양길 석우촌에서 친인척들과 이별하며 쓴 「석우별(石隅別)」이 당시 정약용의 심정이었을 것이다.

쓸쓸한 석우마을
세 갈래 갈림길
소리 내며 장난치는 두 마리 말
어디로 가는지 모르나 보네
한 마리는 남쪽으로
또 한 마리는 동쪽으로 갈 것인데
친인척 어르신의 하얀 수발
큰형님 두 볼에 흐르는 눈물
젊은이는 아직도 만날 날이 있다지만
노인들 일이야 그 누가 알겠나
잠깐만 또 잠깐만 머뭇거리다
밝은 해 서산에 기울어졌네
앞만 보고 가자꾸나 뒤보지 말고
언젠가 다시 볼 날 애써서 기약하네

귀양가는 정약용

정약용은 나름대로 당당하고 정의로웠다고 생각하였지만 현실은 법을 어긴 죄인이 되어 겨우 죽음만을 면했을 뿐이다. 조선인의 사상이자 국가의 지도 이념인 유교를 배척하고 서양의 종교를 믿은 죄였다. 조선에서는 죄를 지어 한양에서 쫓겨나면 먹고 사는 것이 당장 큰 문제가 된다.

1801년 한양에서 쫓겨난 정약용은 경상도 장기읍성 동문 밖에 늙은 군교이자 농부 성선봉의 집에 머물렀다. 처음 느껴보는 주변 환경에 당황스럽고 서러웠지만 성선봉의 배려에 감사했다. 많은 사람들이 목숨을 잃었거나 무서운 형벌을 받았지만 자신은 죽지 않고 목숨을 부지한 것에 감사했다.

정약용은 글을 썼다. 힘들거나 긴박한 상황에서도 먹을 갈아 자신의 생각과 감정을 표현했다.

다음은 유배지 장기에서 쓴 「고시」의 일부분이다.

천지는 끝없이 넓고 넓어
만물로 다 채우지 못하지만
일곱 자 조그만 내 몸뚱이
사방 한 길 방에 누일 수 있다네
아침에 일어날 때엔 이마를 찧지만
저녁에 누우면 무릎은 펼만하다
웬만큼 어려우면 돕는 벗 있지만
지나치게 가난하면 돌봐줄 이 없다네

부지런히 일하는 논밭의 농부들아
참으로 그 모습 거리낌이 없구나

　정약용은 장기에서 9개월을 살았는데『고삼창고훈』,『이아술』,
『기해방례변』등 6권의 책을 저술하고 180수의 시를 썼다. 날짜
를 대략 계산해 보면 거의 날마다 한 수 정도의 시를 짓고, 6권의
책은 별도로 시간을 내어 저술했다는 결론이다.

　멸문지화를 당하여 폐족이 되었는데도 현실을 바라보는 그의
시선은 냉엄하였다. 선민의식을 가질만한 명문가의 사람이지만
세상을 바라보는 눈높이는 늘 민중적이었다. 암행어사나 곡산부
사 시절에도 마찬가지였고, 죄인이 된 후에도 그의 생각은 초지
일관 변함이 없었다.

　부패하고 가난한 나라의 백성은 힘이 없다. 조선이 그랬다. 힘
없는 백성들을 굶지 않게 하려면 혁명적인 개혁이 필요했다. 많
은 것을 바꾸지 않으면 조선은 살아날 수가 없었다. 정약용은 죄
인의 신분이었지만 가만히 있지 않고 고민했다. 부지런하고 성
실한 백성이 가난해진 이유는 무엇일까.

　무능한 통치자와 권력만을 쫓는 위정자들의 잘못된 정치 철학
이 행정 시스템을 고장나게 만들었음을 깨달았다. 그러나 유배
지로 쫓겨 온 죄인 주제에 백성들의 가난과 제도의 개혁을 고민
하는 현실이 한심스럽고 우스꽝스럽기도 했다.

다음은 그런 자신의 모습을 비웃으며 쓴 「자소(自笑)」의 일부분
이다.

> 의로운 길 어진 삶 너무나 헛갈려
> 약관 시절엔 그 길 찾으려 방황했었네
> 주제넘게 세상의 일 모두 알고 싶어
> 천하의 책들을 다 읽으려 생각도 했소
> 청명 시절 모질게도 화살 맞은 새 신세 되고 보니
> 남은 내 인생 이제는 그물에 걸린 물고기 같구나
> 천년 뒤 어느 누가 나를 알아 줄까요
> 품은 뜻 컸지만 재주가 얇은 것을

한양에서 쫓겨 온 유배자들은 대부분 자신의 일신과 마음을
다스리지 못하고 외로움과 우울증에 시달리며 고통스럽게 살아
간다. 그러나 정약용은 자신보다 하루하루 끼니를 걱정하며 힘
겹게 살아가는 백성들을 바라보고 있었다. 희미하게나마 조선의
운명은 끝이 나고 있음을 직감했지만 자신은 죄인이었다.

권력을 갖기 위해 호시탐탐 기회만을 엿보는 간신배들은 민중
의 소리를 듣지도 보지도 못하고 있었다.

1801년은 정약용이 장기로 귀양왔을 때였다. 황사영이라는 천
주교도가 청나라 북경의 주교에게 흰 비단에 편지를 썼다. 조선
조정은 교회에 대한 부정적 여론이 매우 강하므로 강력하게 조

처를 해야 한다는 내용의 밀서였다.

황사영은 경상도 창녕 사람으로 형 정약현의 사위였다. 다시 말하면 정약용의 조카 사위가 된다. 그는 청나라 신부 주문모에게 '알렉시오(Alexis)'라는 세례명으로 영세를 받았다. 재능이 뛰어나 열일곱 살의 어린 나이에 진사에 합격하여 시험관을 놀라게 했고, 정조로부터 학문적인 재능에 대한 칭찬과 장학금까지 받았던 인물이었다.

황사영은 편지에 조선의 천주교가 박해받는 실정을 자세히 기록하고, 몇 가지를 요청하였다.

청나라 황제에게 청하여 조선도 서양인 선교사를 받아드리도록 압박할 것과 조선을 청나라의 한 성(省)으로 편입시켜 감독할 것, 천주교를 믿는 서양 국가들에 이 사실을 알려 현대식 무기와 수만 명의 군대를 조선에 보내 신앙의 자유를 허용하도록 조정을 굴복시켜 달라는 내용이었다.

해석의 여지가 필요 없는 매국 행위였다. 이 사건으로 인해 천주교는 아주 나쁜 종교로 낙인찍혔고, 제거해야 할 집단이 되었다.

황사영에게 천주교를 전교한 사람이 바로 형 정약전이었다. 이벽, 이승훈과 당대 최고의 학자인 권철신의 아우 권일신 등은 모두 정약용과 깊은 관계가 있었다. 당연히 정약용도 천주교를 전파한 핵심 인물로 지목되어 장기에서 압송되어 다시 한양으로 돌아왔다. 물론, 형 정약전도 신지도에서 한양으로 불려왔다. 이때 정약용의 나이 마흔 살이었다.

명석한 두뇌로 임금의 신임을 얻어 중앙과 지방에서 두루 행정 경험을 쌓은 정치인이자 지식인이었던 정약용은 형틀에 묶여 고문을 받았지만, 그는 이미 천주교와 거리를 둔 상태임이 확인되어 목숨만은 건질 수 있었다. 그러나 18년이라는 긴 세월을 유배지에서 살아야 하는 죄인의 신세가 되고 말았다.

강진으로 유배를 가다

율정목에서 헤어진 형제

목숨을 겨우 건진 정약용은 강진으로, 형 정약전은 흑산도로
유배를 가야 했다. 형제가 함께 한양에서 쫓겨나는 순간이었다.
두 사람은 함께 유배를 떠나지만 목적지는 달랐다. 한양을 벗어
난 둘은 나주 율정목 삼거리 주막에서 이별해야만 했다.

만날 수 없는 이별에 형제는 부둥켜안고 울었다.

초가주막 새벽 등불 꺼질 듯 깜박깜박
새벽 샛별 보노라니 헤어질 일 참담하다
두 눈만 물끄러미 서로는 말이 없네
애써 목을 다듬지만 오열 먼저 터졌구려
흑산도는 아득히 바다와 하늘뿐
형님이 어찌하여 그곳으로 가시는지

이른 아침부터 형제는 오열하기 시작했다. 사내들의 눈물이란 소리가 없다지만 두 형제는 부둥켜안고 한참을 소리 내어 울었다. 유난히 다정했던 형제는 다시는 만날 수 없는 이별을 했다.

주막노파의 도움으로 사의재를 열다

1801년 11월 24일, 정약용은 강진에 도착했다. 초겨울 추위는 옷 속을 파고들고 어둑 어둑 시골 마을에는 인적이 드물었다. 몇 군데 집을 찾아가도 낯선 죄인을 맞아주는 사람이 없었다. 거처를 구하지 못해 길바닥에서 자야 할 지경이었다.

낙심하고 있을 때 다행히도 읍내 동문 밖 어느 주막집 늙은 주모가 작고 초라한 방 한 칸을 내어 주겠다기에 따라갔다.

오랜 기간 비워둔 방에는 벌레도 나오고, 흙벽으로는 찬바람이 들어왔지만 정약용은 고마운 마음에 정신없이 방을 쓸고 바닥을 닦았다. 참담하고 허망했지만 가지고 온 붓과 벼루를 내려놓고 몇 가지 옷을 벽에 건 후 잠을 청했다. 그러나 잠을 이룰 수가 없었다. 남편 없는 아내와 어린 자식은 누가 돌보고, 먹거리는 어떻게 해결한단 말인가. 생각할수록 가슴이 너무 아팠다. 또한 자신으로 인해 주변 사람들이 천주교에 입교하여 신앙생활을 하다 귀한 목숨을 잃었고, 고통을 당하고 있다고 생각하니 견딜 수가 없었다.

우리는 흔히 세월이 약이라고 한다. 어쩔 수 없는 세월이 하루하루 지나고 현실에 조금씩 익숙해지기 시작하자 주막집 주모에게 답례를 해야 할 것 같았다. 정약용은 글을 전혀 모르는 주막집 주모를 위해 장부를 정리해 주었다. 외상 내용을 기호나 그림으로 그려 쉽게 정리해 주고 앞으로 스스로 기록하는 방법도 알려 주었다. 그러나 그것이 하루 종일 해야 하는 일은 아니었다. 사람이 할 일 없는 것처럼 답답한 일도 없다. 무슨 일이건 해야 했다.

요즘말로 공부 잘하는 정약용이 당장 할 수 있는 일은 책을 보는 일과 남을 가르치는 일 밖에는 아무것도 할 게 없었다.

정약용이 거처하는 주막집 작은방을 공부방으로 꾸며 학생을 가르쳐 보기로 했다. 주모의 도움으로 학생들이 모이자 공부방도 활기차게 변해갔다. 가르치는 즐거움과 배우는 즐거움이 다르지 않았다. 정약용은 문패를 걸었다. 주막집을 '동천여사(東泉旅舍)'라 하고, 기거하던 그의 방을 사의재(四宜齋)라 했다.

사의재는 '네 가지를 반드시 실천해야 한다.'라는 의미이다. 맑은 생각과 엄숙한 용모, 과묵한 말씨와 신중한 행동을 항상 유지하려는 스스로의 다짐이었다.

다산의 제자들

정약용에게 강진 유배는 두 가지 의미가 있었다. 하나는 집필이었고, 하나는 제자였다. 그토록 많은 집필과 학문적 성과도 제자들이 없었다면 불가능했을 것이다.

집필에 필요한 비싼 종이를 구하는 일과 아이디어가 떠오를 때 마다 급하게 흘려 쓴 글들을 다시 꼼꼼히 옮겨 적는 일들은 제자들이 도와주지 않았다면 힘들었을 일이다. 물론 해남 외가의 후원도 무시할 수는 없었겠지만, 낙망에 빠진 자신을 일으켜 세운 원동력은 제자들이었다.

처음 강진으로 쫓겨 올 때에는 혼자였으나 긴 유배에서 풀려날 때 그에게는 천군만마와 같은 제자 집단이 형성되어 있었다. 제자 중 가장 특별하고 끈기가 있었던 사람은 황상이다. 자는 산석(山石)이며, 아버지는 아전이었다. 황상은 정약용의 학술적 마무리에 힘이 되어 주었고, 정약용의 죽음 이후에도 스승에 대한 깊은 존경심으로 늘 자신의 학문적 발전은 스승의 것이었다고 피력해왔다.

정약용과 황상 두 사람은 더없이 깊은 사제 관계를 유지하였다. 황상은 나이가 들어도 스승이 남긴 삼근계(三勤戒), 즉 '부지런하고, 부지런하고, 또 부지런하라.'라는 다짐을 잃지 않았다. 힘들고 궁핍한 가정사에도 서책을 놓지 않고 시를 지으며 스승의 분부를 십계명처럼 지켰다.

　스승을 존경했던 시인 황상은 말년에 꽃을 피웠다. 정약용의 두 아들과 추사 김정희의 형제들, 그리고 조선의 유력한 인사들과 친분을 쌓으며, 조선 시대 문단의 명사로서 이름을 날리게 되

주막에서 제자들을 가르쳤던 정약용

었다. 벼슬에 뜻이 없는 그는 나이가 들자 조용한 산속에 작은 집을 짓고 오직 자연을 벗 삼아 공부에만 전념했다.

내가 죽으면 염습은 황상이 맡아서 해다오

정약용은 자신이 죄인임을 망각한 듯 제자를 가르치는 일과 책을 집필하는 데 모든 것을 쏟아 부었다.

세월은 속절없이 지나가고 있었지만 유배에서 풀려날 기미는 없었다. 간간히 들리는 소식에 의하면 점점 세상은 각박해지고 나라를 바르게 이끌고 가야 할 조정의 벼슬아치들은 당리당략과 사리사욕에만 눈이 멀어 있다고 했다.

한양에서 멀리 쫓겨나 귀양 생활을 하고 있는 정약용을 그들은 기억이나 하고 있는지, 어느 누구도 그의 이름을 입에 올리거나 풀어주려고 노력하는 사람은 없는 듯했다.

어느 날 정약용은 제자 황상에게 말하기를

"내가 만약 한양 하늘의 해를 보지 못하고 이곳에서 죽는다면, 염습할 사람이 너밖에 없구나. 나의 아들이 천리 밖에 있으니"

염습은 죽은 자에게 수의를 입히는 일이다. 삶의 마무리인 염습을 해줄 수 있는 믿음직한 제자가 있어 얼마나 다행인가. 제자가 되어 준 황상에게 감사했다.

정약용은 주막 생활이 조금씩 불편해졌다. 현실을 탓하지는 않았지만 한적한 곳이 그리웠다. 얼마 후 정약용은 제자 이학래의 사랑채로 거처를 옮겼다. 사랑채 바깥 채마밭에 대나무를 옮겨 심었다. 밭에 대나무를 심는 것은 흔한 일이 아니었지만 정약용은 늘 푸른 대나무의 맑고 깨끗한 기상을 가슴에 담고 싶었다.

조선의 슬픔 「애절양(哀絶陽)」

유배지 강진 생활이 익숙해진 정약용은 틈틈이 시간을 내어 주변을 둘러보기도 했다. 그러던 어느 날 동네 주민들에게 기막힌 이야기를 듣게 된다.

강진 관아 앞에서 한 젊은 아낙이 어린아이를 등에 업고 대성통곡을 하고 있었다. 머리는 산발이었고 얼굴은 눈물로 범벅이었다. 젊은 아낙네의 손에는 피가 뚝뚝 떨어지는 한줌의 살점이 들려 있었다. 여인이 들고 있는 피 묻은 살점은 잘려진 남근(男根)이었다.

사연은 이랬다. 이미 죽은 시아버지와 태어난 지 사흘밖에 되지 않은 사내아이에게 관아에서 군포세를 매겼다는 것이다.

당시에는 죽은 사람에게 세금을 매기거나 어린 사내아이에게 군역세를 매겨, **빼앗아가듯** 강제로 세금을 거두어 가는 일이 비일비재했다고 하니 기가 막힐 노릇이었다.

먹을 식량도 부족한데 그나마 세금으로 **빼앗기고** 나니 살아갈 일이 막막하고 배움이 짧은 백성이라 마땅히 부탁할 사람도 주변에 없었다. 방도를 찾지 못한 여인의 남편은 대낮에 시퍼런 낫으로 자신의 남근을 잘라버렸다. 어린애를 만든 자신의 남근이 문제였다는 것이다.

주민에게 이야기를 들은 정약용은 가슴이 먹먹해지며 호흡이 멈추는 것 같았다. 붓을 들어 글을 썼다. 그 글이 「애절양(哀絕陽)」이다.

갈밭마을 젊은 아낙 거치지 않는 통곡 소리
관문 향해 슬피 울며 하늘에 호소하네
전쟁나간 지아비 아니올 수 있어도
스스로 양근 자른 일 듣도 보도 못하였네
시부상 지났고 갓난아이 배냇물 마르지도 않았는데
조자손(祖子孫) 삼대가 군적에 올라있어
한걸음에 달려가 호소해도 호랑이 같은 문지기와
호통치는 이정(里正)은 외양간 소마저 끌고 가네
낫을 갈아 방에 들자 핏덩이 흥건하다
스스로 부르짖길 아이 낳은 죄로구나
잠실음형 지나치게 억울하고

민나라 자식 거세는 참으로 슬프지요

자식 낳고 사는 것은 하늘의 이치

하늘 닮아 아들 되고 땅을 닮아 딸이 되지

불깐 말 불깐 돼지들도 서럽다 할 일인데

대 이을 백성이야 말을 더해 뭣 하겠소

부자들은 일 년 내내 풍악을 즐기면서

쌀 한 톨 비단 한치 내놓는 일 없으니

다 같은 백성인데 왜 이리도 차별인가

객창에서 우두커니 시구편(鳲鳩篇)만 읊조린다

이 시는 1803년 가을 강진에서 주민들의 이야기를 듣고 지었다.

조선은 임진왜란 이후 큰 혼란을 겪다 영조 시대에 비교적 안
정을 찾았고, 정조 시대에 잠시 개혁의 바람이 불기 시작했으나,
그의 갑작스런 죽음은 체제의 불안정을 가져왔다. 정조가 사망
하고 정조의 차남인 11살의 어린 순조가 등극하자 영조의 계비
이자 대왕대비인 정순왕후 김씨가 수렴청정을 하게 된다. 이때
부터 경주 김씨들이 권력을 좌지우지하는 이른바 세도 정치가
시작된다. 물론, 이후 순조의 장인인 안동 김씨 김조순이 경주
김씨 일가를 몰아내고 안동 김씨 60여 년의 시대를 열면서 세도
정치는 극에 달하지만 조선이 망하게 되는 단초는 정순왕후의
수렴청정에서부터 시작되었다고 봐야할 것이다.

아무튼 어린 순조의 수렴청정을 맡은 정순왕후는 자신의 가문을 위해 권력을 남용하는 속 좁은 정치를 지속하였다. 수많은 사람들이 천주교 박해로 목숨을 잃는 참사가 이어지고, 홍경래의 난을 시작으로 전국 각지에서 크고 작은 민란들이 끊이지 않았다.

정순왕후는 사도세자의 죽음에 동조했던 노론 벽파의 실세 김귀주의 누이이다. 김귀주는 조직의 이익을 위해서라면 물불을 안 가리는 인물이었다.

옥새를 거머쥔 정순왕후는 우선 가족 관계로 이루어진 친정 체제를 확고히 하며, 정조를 보좌했던 개혁적인 인물들을 대거 처단하였다.

결국 권력자들의 부정부패가 극심해지고 세금 체계에 문제가 생기기 시작했다. 이른바 삼정이 문란해지기 시작했다. 삼정은 국가 재정인 전정, 군정, 환정을 통칭하는 말인데, 이것을 관장하는 수령들은 정해진 금액 이상의 세금을 거두어 들였다.

세금 중에 군정, 즉 군포세는 가난한 백성일수록 부담이 더 컸다. 조선의 신분 제도로 인해 군역이 면제되는 양반의 수가 이 무렵 엄청나게 늘어나는 기이한 현상이 발생했다. 그러나 정부는 잘못된 제도를 바로 잡기는커녕 부족해진 군포 수입을 확보하기 위해 죽은 사람이나 갓 태어난 어린아이에게도 세금을 징수하기에 이른다.

만약 세금 미납으로 벌받는 것이 두려워 도망을 가면 이웃에 사는 주민이나 친척에게 미납된 세금을 부과하기도 했다.

삼정 중 가장 심각하였던 것은 환정이었다. 환정은 나라에서 빈민을 구제하기 위해 춘궁기에 곡식을 빌려주었다가 가을 추수 후 돌려받는 제도인데, 고을의 수령들은 자기 주머니를 채우기 위해 강제로 곡식을 꾸어 주고 비싼 이자를 받거나, 심지어는 빌려 주지도 않고 슬그머니 장부에만 기록하여 두었다가 나중에 이자를 받아가는 경우도 종종 있었다.

참다못한 농민들이 전국 곳곳에서 삼정의 문란을 바로 잡으라고 요구하면서 민란이 일어나기도 하였지만, 제도가 개선되거나 바뀌지는 않았다. 권력을 가진 정치인들은 언제나 민란으로 인해 나라가 위태롭다고 말하지만 내용을 들여다보면 그것은 힘없는 백성들의 정당한 목소리일 때가 많았다.

다산이 바라본 이 시대의 모습을 쓴 「이노행(貍奴行)」이라는 시가 있다.

> 남산골 늙은이 고양이를 기르는데
> 나이를 먹자 요사하고 흉악한 여우가 되었네
> 밤마다 초당에서 고기를 훔쳐 먹고
> 항아리와 술병에 잔까지 뒤진다네

어둡고 깜깜할 때 교활한 짓 다 하다가
문을 열고 소리치면 그림자도 뵈질 않네
등불 켜 비춰 보면 더러운 흔적 남아있고
이빨자국에 찌개국물 낭자하네

늙은이 잠 못 이뤄 근력은 줄어들고
아무리 생각해도 나오는 건 긴 한숨 뿐
이내 속 깊은 마음은 고양이 죄 극악하다
곧바로 칼을 뽑아 천벌을 내리리라

하늘이 너를 낼 때 무엇에 쓰려했나
너에게 쥐를 잡아 백성 해를 없애랬지
들쥐는 들판 구멍에 나락을 쌓아두고
집쥐는 이것저것 모두 다 가져가네

백성들 쥐 피해로 나날이 초췌하고
기름 피 말라붙고 피골은 상접하다
여기에 너를 보내 쥐잡이 대장 시켰더니
너에게 준 권력으로 도려내고 찢었구나

백련사에서 혜장선사를 만나다

정약용은 1805년 봄에 동네 어르신들과 함께 백련사를 들렀다가 혜장스님을 만났다. 유교에 박식한 정약용과 불교의 거장인 혜장은 몇 마디 대화에 서로가 큰 인물임을 알아보았다. 이후 둘은 서로를 존경하게 되었고, 고성사의 보은산방을 오가며 학문과 주역을 논하고 시를 지으며 친해졌다.

혜장은 둘의 만남을 특별히 문자로 남기지 않았지만, 정약용은 혜장과의 만남에 대하여 많은 것을 기록하였다.

삼경에 빗방울 나뭇잎 때리더니
숲을 뚫고 횃불 하나 올라오누나
혜장과는 참으로 연분이 있는 듯
밤 늦도록 바위문 활짝 열었네

이 시는 1806년 봄에 지은 정약용의 「산행잡구」에서 뽑은 시이다.

유배지에서 사람을 사귀고 그 사람과 진솔한 담론을 나눌 수 있었던 정약용은 운이 좋은 사람이라 스스로 생각했다. 혜장은 파격적인 성격의 승려로서 술을 즐겼고, 특히 차에 대해 깊은 소양을 가지고 있었다.

혜장은 대흥사 대강사를 지낸 불교 문중의 뛰어난 선승으로, 도의 정도가 높고 깊었다. 둘의 만남이 있던 그해 겨울에 혜장선사의 배려로 정약용은 백련사의 암자인 고성사의 보은산방으로 거처를 옮겼다. 이곳에서 3년간 생활하면서 둘은 차를 즐겨 마

보은산방

셨다.

　기록을 보면 정약용은 스무 살 이전에 이미 차를 즐겼고, 물맛이 좋은 곳을 찾아 그 물로 직접 차를 끓이고 맛을 시험할 정도였다고 한다.

　정약용은 혜장을 만나면 마냥 좋았다. 서로 다름을 인정한 혜장은 정약용을 만난 후부터 주역과 성리학을 공부하게 되었다. 염불을 게을리하여 다른 승려들의 미움을 받기도 했지만 성격 좋은 혜장이었다.

　그러나 정약용과 혜장의 만남은 6년뿐이었다.

　승려였지만 호방한 성격 탓에 건강을 돌보지 않고 술을 좋아하다 1811년 가을 마흔 살의 나이에 세상을 떠났다. 세상의 전부를 품을 듯한 가슴을 가졌지만 술에 취하면 눈물을 흘리는 사연이 구구절절 있었다. 이 세상 모든 학문을 공부하고 진리를 깨달아도 허무와 죽음은 찾아온다.

　다산은 혜장선사를 잃은 슬픔이 너무 커 한동안 정신을 차리지 못할 정도였다. 그때의 심정이 「만시(輓詩)」에 잘 나타난다.

　　　이름은 중인데 행동이 선비라
　　　세상 모두가 놀라워했네
　　　슬프다 화엄의 옛 주맹(主盟)
　　　논어 책 자주 읽고

구가의 주역 상세히 연구했네
찢긴 가사는 처량히 바람에 날아가고
남은 재는 빗물에 씻겨 흩어치네
장막 아래 몇몇 사미승
선생이라 부르며 통곡한다

푸른 산 붉은 나무 쌀쌀한 가을
저무는 낙조 곁에 까마귀 몇 마리
가련타 떡갈나무 숯 오골을 녹이는데
종이돈 몇 닢으로 저승길 편히 갈까
관어각 위에는 책이 천권이고
말 기르는 행랑에는 술이 백 병이네
지기(知己)는 일생에 오직 두 늙은이
다시는 우화도를 그릴 사람 없겠네

강진에서의 집필

동천여사와 사의재

정약용의 첫 번째 거처인 동천여사는 주막집이었다. 그곳의 작은 방 사의재에서 두 번째로 거처를 옮긴 곳이 보은산방이다. 1805년, 그의 나이 마흔네 살 겨울에 큰아들 학연이 이곳 보은산방에 내려와 함께 머물렀다. 정약용은 이곳에서 학연에게 주역과 예기를 가르쳤다.

1806년 가을 마흔다섯 살에 제자 이학래 집으로 거처를 옮겨약 1년 반을 머물렀다. 1808년 마흔일곱 살 봄에 해남에 있는 외가의 도움으로 거처를 다산초당으로 옮겼다. 다산초당이 마지막거처이자 대부분의 주요 저서를 이곳에서 지었다.

정약용은 유배 생활의 어려움을 묵묵히 받아들였다. 원망으로치달을 수 있는 마음을 다스리며 독서와 저술에 열중했다. 먼저 예학과 주역을 다시 공부했다. 당시의 지배 이념이었던 성리학에서 벗어나고자 경학을 공부한 것이다.

정약용이 겪은 고초는 개인의 잘못보다는 서양의 신학문을 받아들이는 과정에서의 희생이었다고 보는 것이 옳다.

정약용이 이곳 강진으로 유배를 온 지도 8년이 되어 가고 있었다. 자신의 존재감이 잊혀져가고 있음을 느끼기 시작했다. 다시는 고향에 발을 들여놓지 못하고 이곳에서 죽음을 맞을 것 같은 나약한 생각이 들기도 했다. 그러나 삶이 곤궁하고 피폐할지라도 소신을 내려놓지 않고 살아야 한다는 다짐을 반복하며 견뎌내고 있었다.

다산초당

어느 순간부터 정약용은 선비라면 누구나 가지는 입신양명의 기대를 조금씩 내려놓기 시작하면서부터 마음이 편해졌다. 감시의 눈초리에도 힘들지 않을 만큼의 여유가 생기고 아이들을 가르치면서 사람의 온기를 느끼기도 했다.

해남에는 정약용의 외가인 해남 윤씨의 도서관이라고 할 수 있는 녹우당이 있었다. 정약용의 어머니는 녹우당에서 태어났다. 아마도 정약용의 글쓰기 능력은 이곳 녹우당의 기를 받은 모태 능력인지도 모를 일이다. 윤선도의 증손자인 윤두서의 손녀가 정약용의 어머니이다.

정약용의 얼굴 모습은 국보 제240호로 지정된 외증조부 윤두서의 자화상과 많이 닮았다는 기록이 있다. 정약용의 얼굴 모습에 대한 기록은 정약용의 고손자인 정규영의 『사암선생연보』에 이렇게 적혀 있다.

> "공재 윤두서는 다산의 외증조부이자 화가였다. 그의 조그마한 초상화가 전해지는데 정약용의 얼굴 모습, 수염, 머리털이 비슷하다. 그래서 정약용은 문인들에게 언제나 '나의 정신과 모습은 외가에서 받은 것이 많다.'라고 했다."

국보로 지정된 윤두서의 자화상과 다산의 얼굴 모습이 많이 닮았다 하니 독자 여러분은 참고할만하다.

윤두서 자화상　　　　　　　정약용 초상화

이외에도 여러 기록들을 정리해보면 정약용의 외모는 외탁했음을 알 수 있다. 하지만 처음 유배지 강진으로 쫓겨와 힘들어 할 때 외가 쪽 사람 어느 누구도 그를 피하기만 할 뿐 돌봐주려 하지 않았다.

해남 윤씨의 도움과 집필

젊은 정약용이 한양에서 임금의 총애를 받으며 지낼 때 함께 어울려 지냈던 사람 중에는 외가 쪽의 윤씨들이 많았다. 하지만 죄인이 되어 강진으로 내려왔을 때 외가 쪽 어느 누구도 선뜻 다산에게 다가와 주지 않았다. 세월이 흘러 차츰 정국이 안정되고 유배지 주변의 민심을 의식하였는지 더는 크게 외면하지 않았다.

이 무렵 윤단이라는 사람이 자신의 정자를 정약용에게 내어주었다. 윤단은 해남 윤씨로 본래 귤동마을에 터를 잡고 사는 사람인데 정약용에게 매우 호의적이었다.

그는 정약용에게 다가와 도움을 주기 시작했고, 그의 학문을 높게 평가하면서 자기 주변의 어린아이들을 다산에게 보내기 시작했다. 훗날 '다산학파'의 본류에 윤씨가 유난히 많은 이유는 이 사람의 영향이기도 하다.

강진에서 유배 생활을 한 정약용은 외가 마을 녹우당이 멀지

녹우당. 출처: 문화재청

않은 곳에 있어서 구하기 어려운 서적들을 쉽게 열람할 수 있었
고, 외가의 사람들과 접촉하기 쉬워 유배 생활의 불편함을 어느
정도 해결할 수 있었다.

녹우당은 만여 권의 장서가 있는 당대 최고의 사설 도서관이
었다. 그 무렵 좋은 책은 구하기도 어렵고 값도 비싸 일반인들
사이에서는 책을 베껴 쓰는 필사가 유행했다. 하지만 정약용은
외가 쪽 도움으로 중국으로부터 들어오는 신간과 서양 철학서들
을 비교적 쉽게 접할 수 있게 되었다.

유배 초기 주변 사람들은 정약용을 두려워하다가 차츰 정약용
의 학문적인 깊이와 인간적인 면을 알게 되면서 왕래가 잦아졌

다산초당도, 초의선사가 그린 것으로, 다산이 머물던 당시의 다산초당 풍경이 아주 상
세하게 그려져 있다. 출처: 다산연구소

다. 여러 가지 물질적인 도움도 주고 자신들의 소중한 자녀들까지 정약용에게 맡기게 되었다. 마음의 여유도 생겼다. 정약용의 글 중에 다산초당에서 지은 시는 비교적 부드럽고 넉넉하며 낭만적이다.

> 구월 열 이튿날 밤 나는 다산 동암에 있었네
> 올려다보니 아득하고 넓은 하늘에
> 조각달만 외로이 맑았다
> 하늘에 남은 별은 여덟아홉을 넘지 않고
> 앞뜰엔 나무 그림자 물풀이 춤추는 듯하네
> 옷을 입고 걸으며 동자에게 퉁소를 불게 하니
> 퉁소 소리 구름을 뚫고 저 멀리 퍼져간다
> 세상살이 찌든 내속 어찌 아니 씻어질까
> 참으로 이 모습 인간 세상이 아닐지어다

노을빛 치마로 만든 『하피첩(霞帔帖)』

시집올 때 가져왔던 붉은색 치마가 세월에 빛이 바래 노을빛이 되었다. 남편이 유배되어 집을 비운 지 10여 년에 꽃다운 새색시가 초로의 부인이 되었다. 부부로 만나 남들처럼 살아보지 못한 아쉬움은 가슴에 쌓여만 갔고 아이들은 벌써 어른만큼 자랐다.

남편이 있는 멀고 먼 강진까지 와보지 못하는 아내는 빛바랜 혼례복 치마에 책을 싸서 남편에게 보냈다. 망가진 가정의 대소사를 모두 감당하면서 견뎌내고 있는 어질고 착한 아내가 무슨 생각으로 남편에게 이것을 보냈을까.

  부부로서 남편의 책무 그리고 아이들 아버지로서의 무게를 잊지 말라는 당부 같았다. 아내가 보내준 귀중한 혼례복을 그냥 다시 보내기도 허전한 일이었다. 정약용은 궁리 끝에 지아비이자 자식의 아버지로서 아내의 물음에 답하고 싶었다.

  치마를 일정한 크기로 여러 장 잘라 『하피첩』을 만들었다. 폐족이 된 집안을 지켜내는 아내와 아버지 없이 자라는 자식에게 지침이 될 만한 것들을 빼곡하게 적었다.

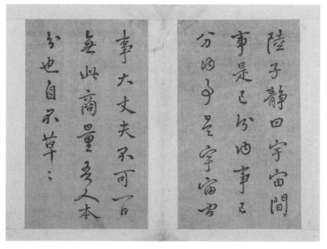

하피첩. 출처: 국립민속박물관

작은 책자이지만 제작 연월일을 기록하고 간략한 문장으로 아버지의 마음을 적은 후 3첩 말미에 어린 손자에게 전하라는 당부의 글도 적었다.

선비가 가져야 할 마음가짐과 베풀며 사는 인생의 가치, 삶을 넉넉하게 하고 가난을 구제하는 방법, 효와 우애에 대한 인생의 가치 등을 기록하였다.

남은 치마 한 폭에는 매조도와 함께 시집가는 딸에게 매화 향기 가득한 시를 적었다.

「매화병제도(梅花屛題圖)」이다.

> 훨훨 나는 새가
> 우리 집 정원 매화나무에 앉았구나
> 그 나무에 짙은 향기 있어
> 그리도 자주 온다네
> 거기에 머물고 둥지 틀어
> 우리 집을 즐겁게 하려무나
> 화려한 꽃이 활짝 피고 나면
> 열매도 주렁주렁 달리리라

정약전의 죽음

친구이자 어버이 같은 형의 죽음

정조가 왕위에 오르고 정약용의 아버지 정재원이 호조좌랑이 되어 한양으로 이사를 했다. 이무렵 형인 정약현과 약전, 약용 삼형제가 과거 시험에 모두 합격하여 집안에 경사가 났다.

형 정약전은 증광시 문과에 합격하여 병조좌랑을 지냈고 이벽, 이승훈과 함께 천주교를 선교하는 데 힘쓰다가 붙잡혀 고문 끝에 흑산도로 유배되었다. 그가 흑산도에 있을 때 서당인 사촌 서실(沙寸書室)을 열어 마을 아이들을 가르쳤고, 흑산도의 주민인 선비 장덕순의 도움을 받아 정약전의 위대한 업적『자산어보』를 저술했다.

그는 『자산어보』 머리말에 이렇게 적었다.

"자산(兹山)은 흑산(黑山)이다. 나는 흑산에 귀양온 몸이라 흑산이라는 이름이 너무 싫어서 이곳 사람들이 흔히 부르는 자산이라는 지명을 주로 사용하였다. 나는 이 지역에 사는 장덕순이라는 선비를 만나 물고기에 관한 연구를 할 수 있었다. 아무쪼록 이 책이 후세 사람들에게 귀중한 자료가 되었으면 한다."

『자산어보』는 흑산도 근해의 물고기 227종을 채집하여 명칭, 형태, 분포 상황 등을 일목요연하게 정리한 일종의 어류 백과사전으로 당시에는 미개척 분야의 어족 연구서이다.

정약전은 『자산어보』를 쓸 때 동생 정약용과 자주 상의하였다.

정약용은 형님 약전에게 보내는 편지에 『자산어보』를 저술할 때 그림보다 글로 설명하라는 조언까지 하였다.

"형님의 원고는 하찮은 것이 아니라 아주 특별한 것입니다. 제 생각은 그림을 그려 색칠하는 것보다 글로 자세하게 표현하는 것이 더 나을 듯합니다."

정약용의 집안 형제들은 모두 기록하는 것을 좋아했다. 천주교 박해 때 정약전과 정약용 형제가 고문을 당하며 위태로울 때 순교한 정약종의 일기장이 증거물로 채택되어 약용, 약전 두 형제가 주장해 온 자신들의 천주교 결별설을 사실로 입증할 수 있어 죽음을 면했다. 정약용 형제들은 새로운 것에 호기심이 많았고, 탐구하는 기질이 유난히 강했다.

정약전은 표류기도 썼는데, 한국의 하멜(Hamel)이라 불리는 홍어장수 문순득이 3년 2개월 동안 일본, 필리핀, 중국 등에 머물면서 보고 듣고 경험한 것을 정약전에게 이야기하였고, 이를 전해들은 정약전은 95쪽의 『표해시말』이라는 책자를 만들었다. 우리나라 최초의 해양 문학서라는 평가를 받고 있다.

정약용이 유배된 강진에서 날씨가 맑은 날에는 흑산도가 보인다. 시간이 날 때면 정약용은 형이 머물고 있는 흑산도 쪽을 바라보며 지난날을 회상하곤 했다. 유년 시절부터 정약용은 형 정약전과 유난히 가까웠다.

어느 날 정약전은 동생 정약용이 풀려난다는 소문을 듣고 강진과 조금 더 가까운 소흑산도에 옮겨와 동생을 기다리고 있었지만 헛소문이었다.

참고로, 흑산도는 육지에서 가까운 곳에 소흑산도(지금의 우이도)가 있고, 그곳에서 조금 더 큰 바다를 건너면 대흑산도(지금의 흑산도)가 있다. 정약전은 애초에 소흑산도에서 귀양살이를 시작했지만 얼마 뒤 대흑산도에 들어가 살았다.

율정목 갈림길에서 눈물로 헤어진 후 16년을 서로 그리워만 하다가 얼굴 한번 보지 못한 채 소흑산도에서 죽음을 맞았다.

정약용은 형의 죽음 소식을 전해 듣고 슬픔을 가눌 수가 없었다. 두 형제가 만나지 못한 슬픔보다 자기 가족들의 얼굴 한 번 보지 못하고 죽은 형이 너무나 불쌍했다.

정약용은 형이 죽은 후 아들에게 편지를 보냈다.

> "6월 초엿샛날은 어진 둘째 형님께서 세상을 떠나신 날이다. 참으로 슬프구나. 형님께서 이처럼 곤궁하게 살다 세상을 떠나시니 원통하고 애통하여 나무나 돌멩이도 눈물을 흘리는 듯하구나. 내가 무슨 말을 더하겠는가. 외롭기 짝이 없는 이 세상에서 오로지 형님을 의지했고 형님만이 나를 알아주었는데 이제는 그런 형님을 잃고 말았구나. 내가 앞으로 학문을 갈고 닦아 큰 뜻을 이룬다 해도 누구와 함께 기뻐할 것인가. 이제 이 세상 어느 곳에도 나를 알아주는 이가 없을 것이니 나는 이미 살아 있음이 아니구나."

얼마나 정약전을 따르고 좋아했는지 사망 이후에도 정약용은 내내 돌아가신 형님을 그리워하며 살았다.

유배 생활을 끝내고 고향에서 살다

- 홍임아, 홍임이 에미야
- 마재마을로 돌아오다
- 회혼례 날에 생을 마치다

홍임아, 홍임이 에미야

세월이 흘러 같은 계절이 몇 번을 다시 돌아왔어도 유배에서 풀려난다는 소식은 없었다. 어쩌다 조정에서 정약용을 유배에서 풀어주자는 논의가 있었으나 반대파의 강력한 반대로 다시 유배 생활은 이어졌다.

그러던 1818년 9월 14일 한양에서 아들이 찾아왔다. 유배에서 풀려나는 아버지를 모셔 가기 위해 천리 먼 길을 달려온 것이었다. 정약용은 아들과 제자들을 데리고 우마차를 타고 귀향길에 올랐다. 그동안 모아놓은 집필에 필요한 자료들과 이미 저술한 500여 권의 책도 함께 실려 있었다. 가족이 살고 있는 한양 집을 18년 만에야 찾아가는 감회는 이루 말할 수가 없었다.

한양으로 돌아가는 행렬에 엄마와 딸로 보이는 모녀가 있었다. 어린 딸의 이름은 홍임이고, 여인의 이름은 홍임이 에미로 전한다. 이들 모녀는 정약용과 무슨 관계일까.

인생이 고난과 좌절로만 끝이 난다면 너무나 허망하지 않겠는가. 때론 고난을 딛고 일어서기도 하는 것이 인생이지 않은가.

한창 젊은 나이에 삶과 죽음을 넘나들며 낯선 땅 강진에서 귀양살이를 시작할 때 정약용의 심정은 표현하기 힘들 만큼 막막하였지만, 살고자 하는 지식인의 열정을 알아본 주막집 노파와 혜장선사 그리고 제자의 도움으로 다산초당에 마지막 거처를 마련한다.

다산초당에서는 제법 여유와 안정을 찾을 수 있었다. 제자들은 초당에 묵으면서 공부를 했는데, 남자들만 거처하다보니 밥 짓고 빨래하는 허드렛일을 해줄 여자가 필요하였다.

다산이 소개받은 여인은 표씨로 알려진 스물두 살의 청상과부였다. 고된 인생을 숙명으로 여기고 살아야 하는 조선의 여인이었다. 직장이라는 것이 마땅히 없던 시대에 여자 혼자서 세상을 살아간다는 것은 상상하기 어려울 만큼 힘든 일이었다. 갈 곳이 없어 여기까지 흘러온 여인을 다산초당에 들였다. 빨래와 초당 청소를 하고, 틈틈이 찻잎을 따고 부엌 설거지를 하는 표씨 여인은 깔끔한 외모에 말수가 적고 수줍은 미소를 가졌다.

외롭고 고단한 정약용과 갈 곳이 없는 젊은 여자 표씨가 매일 한 공간에서 만나다 보니 서로 익숙해지고 편안해졌다.

결국 20대의 꽃다운 여인과 40대 선비의 만남에서 딸 아이 홍임이가 태어나고 정약용의 또 다른 작은 가족이 유배지에서 만들어졌다. 그 후 한참의 세월이 지나 정약용은 유배에서 풀려나고 이곳을 떠날 준비를 해야 했다. 그동안 얼마나 기다렸던 해배 소식이었던가. 기뻐서 가슴이 벅차오르고 숨이 멈출 것만 같았다.

그러나 홍임이 모녀는 그렇지가 않았다. 버려질까 두려웠다. 이것을 잘 아는 정약용은 홍임이 에미에게 다가가 한양으로 함께 가자고 했다. 망설였지만 홍임이 에미는 사랑하는 남편을 따라가기로 결심했다.

한양 본가에는 조강지처와 정약용의 자녀들이 살고 있었다. 홍임이 에미는 무척 긴장된 모습으로 일행과 함께 한양에 도착했다.

홍임이 모녀가 처음으로 만난 사람은 조강지처였다. 깍듯이 인사를 드렸지만 조강지처의 얼굴이 밝을 리가 없었다. 생이별을 한 후 18년 만에 집으로 돌아온 남편이 낯선 여자와 피붙이를 데리고 나타난다면 남편을 반갑게 맞이할 아내는 없을 것이다. 격조 있는 양반집 부인으로서 남편에게 따질 수는 없어 얼마간 머물게 한 뒤 어느 날 그녀를 조용히 불러 낮은 목소리로 차갑게 말했다.

"너와 우리 영감님의 인연은 여기까지이니 이제 본래의
네 자리로 돌아가라."

178

시골 여자 홍임이 에미는 갑작스러운 분위기가 너무나 무섭고 난감했다.

나를 지켜줄 내 남자를 찾았지만 그는 바라만 볼 뿐 꿀 먹은 벙어리처럼 말이 없었다. 사랑하는 사람만 보고 먼 한양까지 따라온 홍임이 에미는 잠시 막막하였지만 여기서 함께 살 수 없다는 것을 이내 깨달았다.

표씨 여인은 겁에 질린 어린 홍임이를 데리고 쫓기듯 대문을 나섰다. 이 당시에는 첩실이 인정되는 사회여서 당당하게 홍임이 모녀를 집에 들여 함께 살아도 법에 어긋남이 없었지만, 남들과 너무나 다른 삶을 살아온 정약용은 가족들의 상처 난 마음을 헤아리려 했다.

홍임이 모녀는 말 한마디 못하고 뒤돌아 울면서 다산이 배려해 준 박씨 성을 가진 남자의 안내를 받으며 천리 먼 길을 걸어 고향으로 향했다. 강진 땅에 도착하였지만 마땅히 머물 곳은 없었다.

잠깐 망설였지만 홍임이 아버지와 자신의 숨결이 남아있는 다산초당을 택했다. 너무나도 야속하고 미웠지만 지울 수 없는 둘만의 흔적과 홍임이를 무척이나 귀여워했던 다산의 그림자를 추억하며 이곳에서 평생을 살기로 결심했다. 조선은 사내들의 세상이라 여인네 홀로 살아가기가 벅차다. 대책도 없고 누구의 도움도 없이 버려진 여자였지만, 양반의 아이를 낳은 자존심으로 꿋꿋하게 여생을 살았다.

　이 이야기는 국문학자 임형택 선생이 발굴한 한 편의 연작시 「남당사(南塘詞)」에 나오는 내용이다. 정약용과 홍임이 에미의 러브스토리는 여러 설이 있지만 사실 관계가 명확하지 않아 더 이상 정리하지 않았음을 밝혀둔다.

마재마을로 돌아오다

강진의 제자들과 지속적인 교류

정약용은 유배에서 풀려난 후 정계에 복귀하고 싶었다. 유배 생활 내내 생각해 온 여러 가지 아이디어를 정책에 반영하여 백성이 행복해지는 세상을 만들고 싶었다. 그러나 그의 정적들이 권력에서 사라지지 않고 건재했기 때문에 정계 복귀는커녕 오히려 경계하고 조심해야 할 상황이 되었다. 고민 끝에 정약용은 한적한 고향에서 마음을 내려놓고 미완성한 원고나 마무리하면서 편안하게 살기로 하였다.

고향에 내려온 정약용은 유배지에서 맺은 다산초당의 제자들과 서로 소통하며 좋은 관계를 이어오고 있었다. 특히 윤씨 집안의 자제들과 사위 그리고 이유회, 이강회 등과는 친숙한 관계였다. 이들의 모임은 사제지간의 친목을 넘어 사회적으로 '다산학단'이라고 할 만큼의 큰 영향력을 가지게 되었다.

그러나 사람의 마음이 모두 같을 수는 없었다. 강진 시절 정약용 곁에서 늘 함께하며 협력해 준 이청, 즉 이학래는 과거 시험에 여러 번 낙방하자 스승을 원망하며 스승 곁을 완전히 떠났다. 심지어 스승을 흠집 내기 일쑤였고, 한양에 올라와도 인사조차 드리지 않았다. 그 후 이학래는 늦은 나이 일흔 살에 과거 시험에 낙방하자 견디지 못하고 우물에 빠져 죽었다.

그러나 한결같이 묵묵히 스승의 가르침과 큰 뜻을 지키며 살아가는 황상 같은 제자도 있었다. 정약용은 제자들에게 늘 최선을 다해 공부할 것을 권했지만 벼슬을 특별히 권하지는 않았다. 제자 황상은 스승의 가르침에 따라 벼슬에 큰 뜻을 두지 않고 시골에 살면서 공부만 하는 선비였다.

그런 황상이 정약용 부부의 혼인 60주년을 기념하는 회혼례 날을 앞두고 스승을 찾아왔다. 그러나 이미 정약용은 너무 노쇠하여 병석에서 혼자 힘으로는 일어날 수도 없는 상태였다. 한참을 소리 없이 눈물을 훔치며 스승을 바라보던 황상은 더 머물러 있어도 폐만 끼칠 것 같아 떠나기로 했다. 이때 정약용이 떠나는 제자에게 준 선물이 『규장전운』이었다. 황상은 스승의 집을 떠나 한양에 잠시 머무는 중에 스승의 별세 소식을 전해 들었다. 임종을 지켜보지 못한 것이 마음에 사무쳐 장례식의 모든 절차를 자식처럼 챙기고 슬퍼했다.

이때가 황상의 나이 마흔 아홉이고, 정약용의 나이는 일흔다
섯이었다.

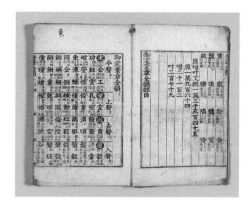

『규장전운』 부목 마지막 장과 본문 첫 장
출처: 국립중앙박물관

회혼례 날에 생을 마치다

사람은 누구나 크고 작은 고통을 겪으면서 나이를 먹는다. 황혼의 나이에 뒤돌아보면 작은 고통의 순간들은 대부분 잊어버리고, 일부만이 아련하게 추억으로 남아있다고 한다.

그러나 정작 어려운 일에 부딪히고 거친 세상과 맞서야 하는 젊은 시절에는 천방지축이고 포기할 것만 같은 시간도 있었을 것이다.

정약용은 부인 홍혜완과 부부가 된 지 60주년 되는 경사스러운 날 고향 마재마을에서 지나간 세월을 추억하며 긴 호흡을 멈추었다. 일흔다섯 살, 1836년 음력 2월 22일이었다.

정약용은 죽기 전에 자녀들을 불러 모아 당부의 말을 했다. 젊은 나이에는 작은 곳에서 은둔할 것이 아니라 큰 세상으로 나아가 일을 하라고 했다. 출세하라는 말이었다. 한양을 벗어나면 기회도 사라질 것이니 반드시 한양에서 살 것을 주문했다.

정약용은 한양에서 멀리 떨어져 산 세월이 인생의 절반이었다. 스물두 살에 진사시에 합격하여 정조를 모신 기간 18년과 한양을 떠나 귀양살이 한 세월 18년, 유배에서 풀려난 후 고향에서 일흔다섯 살까지 산 세월 18년이 그의 인생 전부이다.

자신에 대한 모든 저술과 평가를 역사에 맡긴 채 세상을 떠난 천재 정약용은 정치적 파쟁의 희생양이 되어 그 뜻을 펴지 못했으나 500여 권이 넘는 책을 저술했다.

정약용을 스쳐간 묵직한 사건들과 거친 귀양살이에서 실사구시를 몸소 실천한 경험들이 엄청난 양의 글로 남겨졌다. 앞이 보이지 않던 막막한 미래 앞에서 무너지면 안 된다는 절박한 상황들이 시가 되고 글이 되었다. 그는 자신에게 언제나 철저했고, 타인을 배려하며 세상을 따뜻하게 하려 했던 존재였다. 허물없는 인생이 어디 있겠냐마는 죽는 날까지 스스로를 성찰하며 살았다.

정약용의 묘. 출처: 문화재청

왜 다산
정약용인가

정치의 중심에서 변방으로 쫓겨난 한 사람에 의해 혁명이 시작되었다.

혁명은 늘 바깥에서 태동한다.

어느 혁명이든 중앙 정부의 지원을 받으며

평화와 안정 속에서 출발하지는 않는다.

스스로 변방이 되었음을 깨달았을 때

비로소 혁명은 시작된다.

다산 정약용도 유배되고 나서야 비로소 많은 것을 느낄 수 있었고,

그곳에서 참 혁명이 시작되었다.

그 혁명은 조용했지만 치열했고, 고단함을 견뎌야 하는 가혹한 길이었다.

다산 정약용을 회고하며

- 2012년 유네스코 세계 기념 인물이 되다
- 행동하는 자만이 살아남는다
- 유교를 새롭게 하고 실학을 전면에 세우다

2012년 유네스코 세계 기념 인물이 되다

인류 문명의 역사를 살펴보면, 동양의 국가들이 성장할 때 서양은 아직 잠에서 깨어나지 않았을 때가 있었다. 그러나 17~18세기 무렵 서양의 국가들은 산업화와 함께 발전하기 시작했고 이를 무시하거나 배척하려 했던 동양의 여러 국가들은 차츰 서방 국가들에 뒤쳐지며 큰 고난을 겪게 된다.

격변기 시대를 살다간 지식인 정약용은 한양에서 멀리 떨어진 강진 바닷가 어촌 마을에서 해가 뜨고 지는 것을 바라보며 무슨 생각을 하였을까.

그는 조선의 레오나르도 다빈치라고 불리는 인물로서, 조선의 정치인이자 학자이며 나라에서 내려준 시호는 문도(文度)이다. 조선 후기의 유학자 중 퇴계 이황과 함께 한국 사상사에 큰 족적을 남긴 인물로 평가 받는다.

유네스코는 그의 업적을 기리며, '2012년 유네스코 세계 기념 인물'로 헤르만 헤세, 루소, 드뷔시와 함께 정약용을 꼽았다.

2012년 유네스코 세계 기념 인물로 선정된 정약용

> 백성들의 삶을 윤택하게 하고자 했으며, 지속 발전의 가
> 치를 추구했던 정약용의 삶과 업적이 유네스코의 이념과
> 일치하는 바가 인정되어 기념 인물로 선정한다.

 유배 시절에 집필한『목민심서』,『경세유표』,『흠흠신서』가 그
의 대표작이며, 정약용의 학문 체계를 '다산학'이라고 부르기도
한다.

일각에서는 그가 제시한 토지 개혁안의 하나인 여전제가 공동 경작, 공동 분배를 기초로 하는 것이기 때문에 사회주의적인 이론가라고도 한다.

다산의 저술은 양에 있어서도 단연 으뜸이지만 놀라운 것은 내용이다. 일표이서(一表二書)라 부르는 『경세유표』, 『목민심서』, 『흠흠신서』는 중앙 정부와 지방 관서 등에서 일어나는 사법 행정의 병폐와 개혁 방안을 일일이 제시한 정치 행정 교과서이다.

행동하는 자만이 살아남는다

　한 사람이 평생 500여 권의 책을 저술했다는 것이 놀랍다. 인간의 뇌는 과연 어디까지가 한계인가.

　한양에서 쫓겨난 선비가 할 수 있는 일이 저술 활동 밖에 없을 것이라 폄훼하더라도 자료를 찾아 정리하고 먹을 갈아 한자 한 자 써내야 하는 수고는 인정해야 한다.

　다산이 강진에 도착했을 때 '나는 비로소 여유를 얻었다.'라고 한 말은 무엇을 의미했을까. 대부분의 사람이 그러하듯 다산도 출세의 길에 들어선 이후 자신만의 시간을 가져본 적이 별로 없었다. 그동안 공적인 업무에 너무 많은 시간을 빼앗기며 살아왔기 때문에 글쓰기를 좋아하는 다산으로서는 불행한 유배 생활을 기회라 여기며 자신만의 시간으로 만들려고 노력했다.

　일은 생명이고 보람이다. 유배 생활로 인해 생긴 나만의 시간들을 무료하게 그냥 흘려보낸다면 하찮은 미물과 무엇이 다르겠는가. 주어진 자신의 처지를 극복하기 위해 다산은 선비로서의 길을 찾기로 결정했다. 그것은 그가 좋아하는 집필이었다.

다산은 치열하게 글을 썼다. 의자가 아닌 방바닥에 앉아서 글을 쓰다 보니 엉덩이에는 진물이 나고, 복사뼈에 구멍이 났다.

애제자인 황상은 자신의 글에 '나의 스승님은 과골삼천(踝骨三穿)하셨다.'라고 했다. 얼마나 오래 앉아 글을 썼으면 복사뼈에 세 번이나 구멍이 뚫렸을까.

다산은 전쟁 같은 삶을 살았다. 목표를 정하고 그것을 실행하기 위해 글을 썼다. 글 하나하나가 씨앗이 되어 발아하였다. 결국 평등과 애민이 되어 혁명으로 자라났다. 우리가 잘 알고 있는 동학 혁명의 교과서가 『경세유표』이고 『목민심서』라 할 정도로 백성들의 위대한 지침서가 되었다.

동학 혁명은 1894년 전봉준을 중심으로 동학교도와 농민들이 합세하여 일으킨 농민 운동이 도화선이 된다. 물산이 비교적 풍부한 곡창 지대 전라도 고부군에서 시작된 민란은 조선 후기 농민들이 탐관오리의 수탈에 항거하며 일어난 사건이었다. 점차 지역적인 민란의 성격을 지양하고 반침략, 반봉건주의를 희망하는 세력들을 결집하여 개혁 운동으로 전개되었다.

전봉준이 지휘하는 동학 농민군은 승리를 거듭하다 결국 관군과 청·일 등 외부 세력에 의해 실패하였지만 동학 농민군은 후일 항일 의병 항쟁의 중심 세력이 되었고 3.1 운동으로 계승되었다.

동학 혁명의 지도자 전봉준은 늘 『목민심서』를 머리맡에 두고 읽었다고 한다. 아마도 다산의 실사구시 철학과 동학의 세계관이 상당 부분 일치했을 것이라 본다. 이처럼 다산의 조용한 혁명은 아직도 진행 중이며 오늘의 우리와도 함께 하고 있다.

유교를 새롭게 하고 실학을 전면에 세우다

다산은 강진 유배 생활 내내 경전 연구와 저술에 몰두했다. 사서육경은 조선을 지배해 온 사상으로써 많은 부분이 농경 사회를 배경으로 발전해 온 이론이다. 그러나 미래의 국가는 농업 중심에서 벗어나 산업 국가로 가야 한다는 것이 다산의 세계관이었다. 그것은 사상과 정치 체제를 혁명적으로 바꿔야 하는 노력이 필요했다.

조선의 문화가 되어버린 유교 사상의 근원부터 바꾸고 사회를 개혁한다면 나의 조국 조선은 봄의 새싹처럼 새롭게 태어날 것이라 믿었다.

다산 정약용이 태어나서 살다간 18세기 후반부터 19세기 초의 국제 사회는 농경 사회에서 상공업 사회로 넘어가는 시기였다. 농경 사회에서는 나름의 보편성과 합리성을 가진 조선의 성리학이 비교적 맞는 지배 이론이었다. 그러나 새로운 세상에서는 새로운 사상이 필요했다.

정약용은 이익을 중심으로 한 비판적이고 개혁적인 학문 풍토를 받아들였다. 그는 한 걸음 더 나아가 노론 북학파의 북학 사상도 적극 수용했다. 많은 개혁 과제 중에 특별히 그는 토지 개혁을 주창하면서 정전론(井田論)을 제시했다.

정전론의 특징은 농토는 오직 농민만이 점유할 수 있고 경작 능력, 즉 가족 노동력에 따라 토지 분배에 차등을 두어야 한다는 이론이다.

태초의 인간 혁명은 두 개의 발로 걸을 수 있도록 직립한 것이다. 네 개의 발로 기어 다니는 다른 동물들보다 월등해야 한다는 인간의 자존심이 아마도 직립 보행을 가능케 하였을 것이다. 두 발로 일어서는 위험한 도전으로 두 손이 자유로워지는 여유를 얻게 되었다. 땅 위를 이동하기 위해서 필요했던 네 개의 발에서 두 개의 발로 일어서는 순간 남는 두 개의 발은 손이 되어 무엇이라도 만들 수 있다는 상상을 하게 되었다.

인간은 비로소 유목과 수렵 생활을 버리고 한 곳에 정착하며 농사를 짓고 소리를 문자로 만들기 시작했다. 그러나 사람들은 배불리 먹는 것을 궁극적으로 해결하지는 못했다. 혁명이 필요했다. 서양에서 출발한 산업 혁명은 기계가 사람의 육체적 노동을 대신하는 것으로 노동의 효율성을 높여 대량 생산을 가능하게 했다.

서양에서 산업 혁명이 일어날 즈음 조선에서도 일부 신진 세력에 의해 조금의 변화가 시작되고 있었다. 이들은 조선의 정치 이념인 유교 사상을 실학 사상으로 바꾸어 부강한 조선을 만들고자 노력하였다. 특히, 정약용을 비롯한 젊은 정치인들은 이익의 사상에 대하여 검증 · 토론하고 박제가의 『북학의』와 박지원의 『열하일기』 등을 읽으며 불철주야 조국의 미래를 고민했다. 하지만 이러한 일들을 리드했던 정조의 죽음으로 정치는 혼돈 속으로 빠져들고 조국의 미래는 불안해지기 시작했다.

세 권의 저서

- 경세유표
- 목민심서
- 흠흠신서

경세유표

정약용이 저술한 500여 권의 책 중에 가장 대표적인 책은 3권이다. 이 3권의 저서가 절대적인 분량을 차지한다. 이른바 1표 2서이다. 『경세유표』 44권 15책, 『목민심서』 48권 16책, 『흠흠신서』 30권 10책이다. 합하면 122권 41책이다. 지금의 책으로 정리하면 대략 122단원 41권의 연작집이다.

우선 3권의 저술 시기를 살펴보자. 정약용은 나이 들어가면서 얻은 여러 가지 경험과 책을 통해 공부한 학문을 바탕으로 『경세유표』, 『목민심서』, 『흠흠신서』를 집필했다.

경전 연구를 마치고 나서 정약용은 먼저 『경세유표』에 손을 댔다. 조선을 개혁하기 위해서는 법과 제도를 바로 잡아야 한다고 생각했다. 이미 조선의 법전인 경국대전이 있었지만 실용적이지 않았다. 그러나 『경세유표』 집필을 시작하였지만 자신이 정치에 동참할 수 없는 죄인임을 깨닫고 계획을 변경하여, 현장에서 백

성을 관리하는 목민관들의 지침서를 먼저 만들기로 하였다. 그
래서『경세유표』를 다 완성하지 않고『목민심서』를 먼저 저술하
게 된다.

『경세유표』를 처음 집필할 때의 제목은 '방례초본(邦禮艸本)'이
었다. 국가의 기틀을 마련하는 것이 한 사람의 저술로 완성될 수
는 없다는 것을 잘 아는 정약용은 대략적이고 기본적인 뼈대를
만든다는 마음으로 방례초본을 짓기 시작했다.

『경세유표』, 출처: 실학박물관

그러나 이때에 정약용은 큰 죄인이 되어 낯선 유배지로 쫓겨와 언제 죽음을 맞을지 모르는 참담한 상태였다. 아무것도 내 맘대로 할 수 없는 죄인이 국가 통치에 관한 책을 집필하여 세상에 내놓는다는 것은 목숨을 담보해야 하는 경솔한 행동이라 판단하여 처음 계획한 방례초본을 경세유표로 고쳐 집필하기로 했다.

  『경세유표(經世遺表)』는 관제, 군현제, 전제, 부역 등 나라를 경영하는 모든 제도에 대해서 혁명적으로 바꿔보자는 생각으로 심혈을 기울여 기술하였지만, 지금은 죄인이니 자신이 죽은 후에 세상에 내놓는다는 의미로 저술한 책이다. 다시 말하면 자신이 죽은 후에 조국에 바치는 '조선의 개혁론'이라는 보고서이다.

목민심서

『목민심서(牧民心書)』는 조선 후기 지방의 민생을 책임지는 관리자들이 진심으로 자기 고을의 백성을 위해 일을 한다면 나라는 크게 성장할 것이고, 그렇지 않으면 조국의 미래는 없을 것이라는 생각으로 지었다.

정약용은 목민관이 왜 존재해야 하는가에 대한 질문을 던졌다.

첫째도 둘째도 목민관은 백성들을 위해 존재해야 한다. 그러나 지금의 백성들은 목민관을 위해 존재하는 듯하다. 하루하루가 힘든 가난한 백성들이 곡식과 옷감을 바치고, 말과 수레 그리고 하인들까지 주면서 목민관을 받들어 모시지만 목민관들은 이것으로도 모자라 백성의 기름과 피, 진액과 골수를 뽑아 자기 살만을 찌우고 있지 않은가.

정약용은 조선을 개혁하기 위해서 가장 먼저 해야 할 일은 목민관을 바로 세우는 것이라 했다. 국가 경영을 책임지고 있는 목민관의 전제 조건으로 자신을 먼저 갈고 닦아야 하는 수기(修己)를 강조한 이유도 여기에 있었다.

정약용이 살다간 조선은 불평등한 사회였다. 강력한 신분제에 따른 군신의 관계와 주종의 수직 관계만 존재할 뿐 평등은 없었다.

그는 이러한 불평등한 사회를 들여다보기 시작했다. 사실 다산이 천주교를 처음 만났을 때 그를 사로잡은 것은 천주교의 평등 사상이었다. 조선에서는 아직 평등이라는 단어조차 생소할 때인데 서양의 종교에서 이것을 본 것이다. 조선의 지도층, 특히 목민관들의 행태는 자신이 처음 접한 천주교의 평등 사상과는 너무나 달랐다.

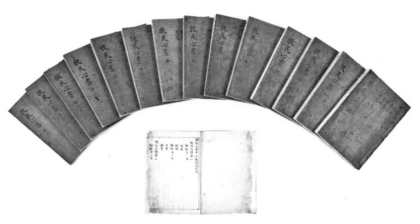

『목민심서』, 출처: 실학박물관

조선이 부패할 수밖에 없는 또 하나의 치명적인 이유는 아전들의 급여가 없다는 것이다. 자신이 알아서 적당히 챙겨가라는 것이나 다름없었다. 조선의 관리들도 월급이 있었지만 겨우 입에 풀칠할 정도의 작은 급여였다. 조선의 제정과 행정 시스템이 한계에 온 것이다.

이것을 알고 있는 정약용은 유교식 경국대전을 개정하고, 청렴하고 능력 있는 관리자를 육성해야 한다고 강조했지만, 조선은 그것을 받아들일 준비가 되어 있지 않았다. 참고로, 조선에서 관(官)과 리(吏)는 구분하여 사용되었는데, 왕의 임명장을 받고 부임된 자는 관이고, 지방 행정 기관에서 선발된 하급 관리를 리라 했다. 흔히 리를 아전이라고 하는데, 대부분 현지인들이었다.

목민관이 백성의 것을 탐하면 탐관이 되고, 아전들이 부정한 행위를 하면 오리가 된다. 정약용은 관과 리가 함께 노력하여 올바른 정치를 해야 한다고 주장하였고, 그들이 지켜야 할 행동 지침을 일목요연하게 정리한 것이 『목민심서』이다.

비록 남쪽 끝 강진 땅에 유배를 와 있지만 가난한 백성이 차별받지 않고 정부를 믿고 따르는 세상을 만들고 싶었다. 『목민심서』는 저술의 기획이 철저하고 치밀했다. 목민관이나 아전들이 탐관오리가 되지 못하게 모든 것을 제도화시켰고, 백성들이 정부를 신뢰할 수 있게 공직자의 자세나 윤리에 대해 조목조목 서술하였다.

목민관 생활을 시작하는 부임 초부터 직분을 마무리하고 떠나는 해관까지의 과정을 12편으로 구분하여 기록했다. 편마다 6개 조항, 즉 72조항을 48권의 책으로 만들었다.

정약용의 사상은 애민과 위민 그리고 균민에서 출발한다. 정약용에게 있어 민(民)은 통치의 대상이 아니라 사회의 한 계층임을 강조했다.

특히 애민, 위민, 균민은 행동으로 실천하는 것이어야 했다. 실천하지 않는 이론은 쓸 수 없는 종이에 불과하며, 지켜지지 않는 약속에 불과했다.

정약용의 책 중에서 가장 혁신적인 저술이 『경세유표』이고, 행동하고 실천할 것을 강조한 것은 『목민심서』이다. 『경세유표』가 나라의 방향을 제시한 책이라면 『목민심서』는 실천 방법을 제시한 책이다.

흠흠신서

『흠흠신서(欽欽新書)』는 조선의 법제 사상 최초의 율학 연구서로 법의학, 사실인정학, 법해석학을 포괄하는 일종의 종합 재판학서이다. 특히, 살인 사건을 심리하는 데 꼭 필요한 실무 지침서라 할 수 있다.

정약용은 흠흠신서 서문에 하늘이 준 천권(天權)에 대해 이렇게 적었다.

> "사람이 사람을 심판하고, 어찌 감히 죽이고 살릴 수 있단 말인가. 하늘이 해야 할 일을 인간이 대신 심판하는 것이 반드시 옳다고 할 수는 없지만, 그래도 하늘이 인간에게 내려준 천권을 행함에 있어서는 조심하고 또 조심해야 한다."

『흠흠신서』는 「경사요의」 3권, 「비상전초」 5권, 「의율차례」 4권, 「상형추의」 15권, 「전발무사」 3권으로 구성되어 있다.

「경사요의」는 당시 범죄인에게 적용하던 형벌 규정의 기본 원리와 지도 이념을 중국과 조선의 사례 중에서 참고될 만한 것을 뽑아 정리했다. 중국 79건, 조선 36건 등 총 115건의 판례를 일목요연하게 정리하였다.

「비상전초」는 살인 사건의 보고서와 문서를 작성하는 수령과 관찰사를 위해 중국에서 발생한 비슷한 사건들의 표본을 선별하여 해설과 함께 비평했다. 문서 작성의 이상적인 형식과 문장 기법이나 관계 법례를 참고할 수 있도록 서술했다.

「의율차례」는 살인 사건의 유형과 적용되는 법규 및 형량이 세분화되어 있지 않아 범죄의 경중이 무시되는 사실에 착안했다.

『흠흠신서』. 출처: 성호박물관

모범적인 판례를 체계적으로 분류하고 제시하여 실무에 참고하도록 했다.

「상형추의」는 정조가 심리했던 살인 사건 중 142건을 골라 살인의 원인이나 동기 등을 분류하여 각각의 판례마다 사건의 내용, 수령의 검안, 관찰사의 제사, 형조의 회계, 국왕의 판부를 요약 기록하였으며, 필요에 따라 자신의 의견을 덧붙였다.

「전발무사」는 정약용이 곡산부사, 형조참의로 재직할 때 다루었던 사건을 중심으로 구성하였다. 자신이 직간접으로 관여했던 사건과 유배지에서 듣고 본 16건의 사례에 대한 소개와 비교 분석 및 매장된 시체의 굴검법 등을 다루었다.

보통 사람은 쉽게 흉내조차 낼 수 없을 만큼 노력했고, 치밀했던 정약용은 「자찬묘지명」에 자신의 심경을 이렇게 적었다.

"국가 발전에 도움이 되고자 일표이서를 모두 완성했다. 알아주는 사람보다 꾸짖는 사람이 많거나 하늘이 허락해주지 않는다면 이 모든 것을 불속에 던져버려도 괜찮다."

"나는 60년 세월을 후회스럽게 살았다. 이제 지난날을 돌아보며 남은 인생, 하늘이 주신 명(命)을 지켜 마음을 더욱 정결하게 하고 몸을 움직여 실천하고자 한다. 여기 성인의 경전에 근본을 두고 지금 시대 상황에 맞추어 집필한 졸작을 남겼으니 후세에 누구라도 이를 취해 참고하길 바란다."

비록 시대를 잘못 만나 피곤한 삶을 살다 갔지만 다산 정약용의 혜안은 정확하고 예리했다. 돌이켜 보면, 다산이 죽고(1836년 음력 2월 22일) 76년 후, 국제 사회의 경쟁에서 뒤쳐진 조선은 멸망한다. 그의 예견처럼.

다산이 사랑한
조선의 몰락

다산의 안목과 담론

- 조선의 권력은 백성을 나라의 주인으로 생각하지 않았다
- 상공업을 천시해 생산성이 없는 나라를 만들었다
- 해금, 공도 정책으로 폐쇄 국가가 되었고, 유학생을 길러내지 않았다
- 국도는 우마차가 겨우 다닐 정도로 좁았다
- 노동을 무시하는 정서가 조선 500년을 지배했다
- 공자를 섬겼지만 미래에 대한 열망이 없었다
- 시민 사회는 태동할 수도 없었고, 자본 축적은 봉쇄되었다
- 논문을 발표하거나 지식을 축적할 수 있는 제도가 없었다

우리의 문명과 역사관

통찰과 직관에 의한 필자의 생각을 정리하였다. 일반적으로 인정되고 있는 역사적 관점과는 다소 거리가 있다. 그래서 더 흥미롭다고 감히 우겨본다. 작가로서의 개인적인 관점이지만 새로운 각도로 세상을 바라보았다.

역사는 바라보는 시각에 따라 현격한 차이를 가진다. 일반적이고 당연하다는 관점에서 벗어나 뜻밖의 시각으로 세상을 바라보는 것이 필요하다. 우리의 역사관은 정말 편협했다. 그리고 폭력적이었다. 식민 사관에서 벗어나지 못했고, 주입식으로 전수받은 역사 교육에서 깨어나지 못했다. 주변국에 흩어져 있는 엄청난 역사서가 있지만 외면하였다. 주변국을 보면 우리의 역사가 보인다. 한반도만의 역사가 아니라 동아시아 대륙을 품은 원대하고, 활달한 한민족의 역사가 기다리고 있다.

필자는 언제부터인가 우리나라 박물관을 찾지 않는다. 우리나라 박물관에는 식민 사관에 기초를 둔 사람들이 진열해 놓은 편협한 역사와 죽어있거나 힘없고 병약한 전시물이 너무나 많기 때문이다. 인류의 문화가 출발한 곳을 공부해 보거나 중앙아시아의 여러 나라와 몽골의 역사를 찾아보면 웅혼한 우리의 흔적들이 그대로 남아있다. 이제는 반도에서 벗어나 주변의 세계로 눈을 돌려 우리 역사의 진실을 찾아 출발해야 한다.

인터넷에 동이족이라는 세 글자를 검색하고 몇 줄의 고문서를 읽어보면 가슴이 벅차오르고 우리의 위대했던 역사에 매료된다.

편협한 역사서와 박물관을 벗어나 다시 원점에서 우리의 역사를 새롭게 공부해보자. 그리고 지금까지 연구하지 않았던 새 영역으로 출발해보자. 분명 위대하고, 살아있는 웅혼한 우리의 역사와 문명을 만들어 낸 사람들을 만나게 될 것이다.

다산 정약용에 대한 글을 쓰면서 조선을 다시 한번 생각했다. 그러면서 조선은 왜 망국으로 끝을 맺었나 생각해 보았다. 생경하지만 아주 객관적으로 타인의 관점에서 역사를 바라보았다. 조선의 몰락은 정책의 실패가 근본 원인이었다. 상당 부분 몰락한 동양의 나라들과 원인이 일치하지만 조선만의 문제도 별도로 존재했다. 조선은 탄생 초기부터 방향을 잘못 잡은 나라였다. 500여 년 동안 백성이 잘 살아본 적이 없는 나라였다. 세계가 급변할 때에도 조용한 은둔의 나라였다. 놀라운 것은 조선 초기 세종과 세조 시대에 잠시 역동성이 있었지만 이내 주저앉아 버린 후 한 번도 깨어나지 못했다.

조선 500여 년의 결론은 세계 최빈국이 되어 멸망한 것이었다. 유교 국가였지만 너무나 과거 지향적이었다. 강국을 꿈꾸고 새롭게 출발했지만 신분제에 매몰되어 상공업자들을 천시하게 되고 국가의 근간이 되는 생산품 자체가 없어 부를 축적하지 못한 가난한 나라였다. 위대하고 부지런한 백성이 있었지만 경제의 개념을 모르는 지도자들로 인해 돈을 벌 수 없었던 나라였다.

몰락한 조선을 거칠게 비판하고 지적하는 이 글은 역사학자의 관점이 아니라 작가의 시각으로 바라본 것이므로, 왜곡이니 편향된 주장이니 탓하는 것은 의미가 없다.

조선의 권력은 백성을
나라의 주인으로 생각하지 않았다

백성의 욕망을 말살해 버린 나라 조선은 두 가지의 큰 실책을 하였다. 그 첫 번째는 백성의 절반을 천민 또는 종으로 만들어 역동성과 성장 가능성을 빼앗아버린 것이고, 두 번째는 백성의 절반인 여성을 사회에서 배제시켜 여성이 가진 섬세함을 활용할 수 있는 산업을 키우지 못한 것이다. 결국 여성의 사회 활동은 없어지고 불공평한 성문화가 고착화되었다. 백성의 일부만이 사람대우를 받으며 권력과 자본을 독점하는 나라에서 더 이상의 활력과 미래는 없었다.

조선 백성의 절반이 노비였다

굳이 따지자면 노예와 노비는 다르지만 크게 봐서는 같은 의미이다. 사는 자와 파는 자가 있으면 물건이 된다. 물건이 되어 버린 이들에게 인격이나 생명으로서의 존엄을 인정해 줄 리가 없었다. 소유자와 소유된 자가 확연하게 구분되며 이들의 생사여탈권이 주인에게 있었다. 서양의 노예와 조선의 노비가 크게 다르지 않았다. 노예와 노비가 이름만 다르지 결국은 같은 의미이다.

여기서 잠시 조선의 노비와 서양의 노예에 대해 알아보자. 서양의 국가들은 대부분 다른 종족이거나 범죄자를 잡아다 노예로 삼았다. 다시 말하면 국가 간의 전쟁에서 패한 사람들을 노예로 삼거나 다른 민족을 물리적으로 억압하여 노비로 활용하였다. 하지만 조선은 같은 민족, 선량한 백성을 노비로 삼았다. 이 같은 제도에 대해 비난을 받았지만 고쳐지지 않았다. 지독하게 가난하면 배우지 못하여 무식해지는 것이 당연하다. 조선 백성 누구나 가세가 기울어 가난해지면 노비가 되었던 것이다.

노예 제도는 고대에서부터 있었다. 세계적으로 일반적인 현상이다. 고조선의 팔조금법에도 '남의 물건을 훔친 자는 데려다 노비로 삼으며, 속죄하고자 하는 자는 한 사람당 50만전(錢)을 내야 한다.'라고 나온다. 부여의 법률에는 '살인자의 가족은 노비로 삼는다.'라고 했다.

서양 노예의 경우는 노예 당사자에게는 가혹했지만 자식에 대해서는 비교적 관대했다. 주인이 풀어주면 노예에서 쉽게 해방되었고, 자식에게는 노예 신분이 세습되지 않았다. 노예는 사유재산을 가질 수도 있었고, 일정 기간이 지나면 노예에서 해방시켜주는 사례가 많았다. 특히, 로마의 경우, 노예의 자식에게도 로마 시민권을 주었다. 본인만 고생하면 자식은 로마의 시민으로 살아가는 데 지장이 없었다.

그러나 조선은 달랐다. 어느 시대, 어느 나라보다 잔인했다. 한 번 노예는 영원한 노예라는 공식에서 벗어날 수 없었다. 노비는 남자종 노(奴)와 여자종 비(婢)가 합쳐진 말이다. 한 번 노비는 자식마저도 노비에서 벗어날 수 없었다.

공노비는 노역 기간이 있었다. 10여 세의 어린 소년기부터 시작하여 60세가 되면 벗어날 수 있었다. 하지만 사노비는 병들지 않는 이상, 죽는 날까지 노동을 제공해야 했다. 물론, 노동 시간도 정해지지 않았다. 해가 뜨고 지는 것에 관계없이 노동에 참여해야 했다. 공노비는 무기한 부담을 지는 사노비에 비하면 그래도 가벼운 것이었다. 양반은 무한 휴식과 공부를 할 수 있었던 반면, 노비는 무한 노동에 글자를 알지 못하는 무식한 사람으로 가혹한 인권을 유린당하며 살아야 했다.

조금 더 살펴보면 노비의 역사는 오래되었다. 고려 시대에는 일천즉천(一賤則賤), 부모 중 어느 한쪽이 천하면 자식도 천하다는 등식이 있었다. 그리고 천민 노비는 원칙적으로 양반과 혼인을 할 수 없었다. 한 번 고정된 노비 신분은 자식 대대로 노비여야 했기 때문이다.

조선은 고려의 노비 제도를 그대로 받아들였다. 노비는 조선만의 문제가 아니었다. 학자마다 다르지만 고려의 노비는 5% 내외를 유지했다고 한다. 조선은 무려 50% 내외였다. 어느 나라보다 노비가 늘어난 것에는 제도의 잘못이 있었다.

노비 제도는 동서양을 막론하고 있었던 제도이지만 잔인한 법이었다. 이러한 노비 제도는 조선 시대에 들어오면서 그 숫자가 엄청나게 늘어났다. 조선의 노비 수는 상상을 초월한다. 학자마다 시대마다 차이가 있지만 적게는 10%에서 많게는 70%까지 보는 경우도 있다. 대충 백성의 절반이 노비인 나라가 조선이었다. 설령 문서상으로 노비의 신분이 아니라 해도 가난하여 노비처럼 억압받으며 살았던 것이다. 백성의 절반이 노비였다면 조선은 인권이 없는 인권 사각지대의 나라였던 셈이다.

노비는 국가에서 철저하게 관리했다. 국가의 주요 정책 중의 하나였다. 사노비는 주인의 토지나 집과 같은 중요한 재산 목록이었다. 상속 · 매매 · 증여가 인정되며 주인의 호적에 올라 있었다. 종파 · 나이 · 전래, 부모의 신분 등이 등재되었고 대부분 성은 없고 이름만 있었다. 주인은 노비를 죽이는 것을 제외하고는 어떻게 다루든 법의 제재를 받지 않았다. 한 마디로 집에서 기르며 노동을 제공하는 소나 말 같은 존재였다.

인권은 참혹했다. 노비는 주인이 모반 외에 어떠한 범죄를 저질러도 관청에 고발할 수 없었다. 주인을 관에 고해바치는 것은 미풍과 도덕을 짓밟는 것으로 간주되어 도리어 고발한 노비는 중형에 처해졌다.

노비가 거래되었으니 가격이 있었다. 여자 노비는 남자 노비보다 비쌌다. 힘이 부족했지만 자식을 낳을 수 있기 때문이었다. 노비가 낳은 자식은 또 노비가 되기 때문에 재산 증식의 중요한 역할을 한다는 이유 때문이었다. 노비 가격은 시대 상황에 따라 달랐지만 조선 태조 때에 15세에서 40세까지의 노비 값은 베 400필, 14세 이하와 41세 이상은 베 300필이었다. 이해가 쉽지 않다. 쉽게 이야기하면 보통 말 한 마리 값을 노비 가격으로 보면 된다. 나이가 어리거나 많으면 노새 한 마리 정도라고 보면 쉽게 이해된다.

백성의 반을 노비로 만든 조선은 경제적으로나 문화적으로 성장하기 어려운 시스템이었다. 서울 한복판 종로 거리에 피맛골이라는 지명이 아직도 남아있다. 양반이 말을 타고 나타나면 일반 백성은 엎드려 머리를 조아리고 지나갈 때를 기다려야 했다. 그렇지 않으면 몽둥이 세례를 받거나 잡혀 갔다. 그것이 꼴보기 싫어 옆 골목으로 자리를 피했다하여 붙여진 이름, 피마(避馬)에서 유래한 것이다. 궁궐 근처라 말을 탄 벼슬아치의 왕래가 빈번하여 나타난 현상이지만 그것이 조선의 모습이고 현실이었다. 왕족과 양반만이 살만한 나라 조선은 국가 발전의 동력이 만들어질 수가 없었다.

백성의 절반인 여성의 사회권을 박탈했다

여성에 대한 차별은 동서양을 불문하고 대다수의 나라에서 있어 왔다. 조선의 경우도 예외가 아니었다. 한국사에서 가장 여성차별이 심했던 시대는 조선 시대였다. 고려 시대에도 여성이 권력을 잡은 적이 있었고, 그보다 더 오래된 신라 시대에는 선덕여왕, 진덕여왕, 진성여왕과 같이 여성이 왕위를 물려받고 통치를 하기도 했다. 그러나 조선으로 들어오면서 여성은 권력에서 사라지기 시작했다. 족보에서도 여성의 이름은 없어지고 사위의 이름을 적어놓을 정도로 여성의 권력과 존재는 철저히 사라졌다.

여성의 공간은 집안뿐이었다. 재산권과 상속권에서도 밀리기 시작했다. 여성에게도 재산을 균등 분배했다는 기록이 존재하지만 아주 예외적인 경우였다. 여성은 철저하게 무시되었다. 출가외인이라는 말이 조선 여성의 인권을 대변해준다. 이제 우리 가문의 자식이 아니라 시댁에 가서 남편 가문에 충성하라는 말이다. 그렇다고 시댁에서 여성으로서의 권리를 인정받았는가를 생각해 보면 여성의 권리는 형편없이 초라해진다.

우리말에 '장가를 간다.'라는 말이 있다. 이 말은 고구려 시대에 생긴 말이라고 한다. 장가(丈家)는 장인의 집, 즉 처갓집을 말하는데, 혼인을 하면 신랑이 처갓집으로 들어간다는 말이다. 요즘처럼 씨암탉에 장모님 사랑받고 쉬기 위해 처갓집에 가는 것이 아니라 노동을 지불하러 갔다. 일종의 신랑이 신부에게 지불하는 지참금 같은 것이었다. 처갓집에 가서 적당한 기간 동안 노동을 하고 아이를 낳아 제법 자라면 다시 본가로 돌아왔다. 여성 권력의 상징이라고 할 수 있다.

반면, 조선 시대에 들어오면서부터 '시집을 간다.'라고 했다. 시집은 시댁으로 신부가 들어가 사는 것을 말한다. 장가를 가는 것과 시집을 가는 것을 비교하면 '장가를 가는 것'은 남편이 아내의 집으로 가서 노동을 하는 것이고 '시집을 간다는 것'은 아내가 남편의 집에 들어가 노동을 하는 것을 의미한다. 노동력은 왕조 국가에서는 큰 재산이었다.

조선은 철저하게 여성 권력을 외면한 시대였다. 권력을 빼앗긴 여성들은 결혼과 동시에 남편의 집에 들어가서 노동을 하며 평생 살아야 하는 것으로 변했다.

여성에게서 박탈한 것은 재산이나 이름뿐만이 아니었다. 사회성을 철저하게 박탈했다. 그것의 시작은 애초에 여성에게는 글을 가르치지 않는 것이었다. 사회성을 근원적으로 없애기 위한 방안이었다. 여성이 글을 알면 박복해진다는 말도 안되는 이유로 여성의 인권을 깎아내렸다. 사대부 집안의 여인들이 문밖에 나갈 때는 가마를 타거나 얼굴을 가리고 다녔다. 활동을 할 수 있는 복장이 전혀 아니었다. 철저하게 집안에서만 활동하는 사람으로 안사람, 집사람이라는 호칭을 얻었다.

같은 시기 세계 역사를 보면, 여성에 대한 인권은 비록 조선만의 문제는 아니었다. 그러나 이들 나라는 산업화가 진행되면서 발빠르게 여성들의 사회 활동을 허용하였고, 글자도 가르치지 않을 정도로 사회성을 박탈한 나라들도 차츰 변화하기 시작했다.

신분제를 중시하는 조선은 아직 긴 잠에서 깨어나지 못한 채 여자와 천민은 과거 시험을 볼 수 없고, 편안한 복장으로 산업현장을 누비는 여장부의 모습을 기대할 수 없었다.

조선 초기에는 고려 시대의 풍속이 남아있어 여성의 사회 활동이나 재산 상속이 가능했고 교육을 시킬 수 있는 환경이었지만 조선 중기로 넘어오면서 완전히 사라졌다.

나라 인구의 절반을 노비로 만들고, 전체 인구의 절반인 여성에게 사회 진출권을 박탈한 조선은 백성들에게 열심히 살아야 하는 이유와 삶의 재미를 박탈하였다.

상공업을 천시해 생산성이 없는 나라를 만들었다

좁은 면적에 많은 인구가 살아갈 수 있는 방법은 상공업이 발전하는 것이다. 그러나 조선은 공업과 상업을 천시하고 방치했다. 조정에서 상공업에 관한 정책을 논하는 것조차도 부끄럽게 생각했다. 이러한 현상은 조선만의 문제가 아니라 동양권 전체의 문제이기도 했다. 그러나 조선은 더욱 심각했다. 양반들은 평생 유학을 논하고 유학만이 최고의 선이며 목적인 사람들처럼 생활했다. 다른 논리와 다른 종교 철학은 금기시되었다. 유학만이 인간이 살아가는 데 필요한 최고의 이론이라 생각했다. 문제는 유학 이외의 사상을 철저히 통제했다는 점이다. 결국 조선의 유학은 유교로 인정될 만큼 종교화되었고 절대화되었다. 다른 것들은 인정하지 않았다. 변화를 싫어하는 지도자 밑에서 백성들의 생각은 멈추었고 발전의 가능성은 없었다. 오로지 오늘도 내일도 배부른 한 끼를 희망할 뿐이었다.

백성을 살릴 상공업을 무시했다

조선에서 최고의 직업은 벼슬이었다. 지금으로 말하면 공무원이 되는 일이었다. 남자들의 지상 과제는 공부를 열심히 하여 과거 시험을 보고 벼슬을 하는 것이었다. 양반집 아들에게 다른 취업 자리는 없었다. 귀한 양반의 신분으로 해서는 아니 될 것이 공산품을 생산하거나 경제 활동을 하는 것이었다. 생산과 경제 활동이 천하고 부끄러운 일이 되어버린 나라의 백성에게 미래가 있을 수 없었다.

출발은 공자로 거슬러 올라간다. 만사가 공자에서 시작하여 공자로 끝나는 나라 조선은 공자가 교주이자 가장 이상적인 인물이었다. 그는 조선을 대표하는 이상형이고 그의 말을 모아놓은 논어 책이 바이블이었다. 그는 특히 정명(正名)을 주장하면서 신분제 사회에서 각자의 신분에 맞는 소임을 강조했다. 임금은 임금답고, 신하는 신하답고, 아버지는 아버지답고, 자식은 자식다워야 한다는 사상이다. 주인이 주인답고 종은 종다워야 한다고 했다. 신분제 사회를 옹호한 인물이기도 하다.

조선을 설계하는 데 중요한 역할을 한 인물이 공자였다. 공자는 공업을 장려하거나 경제 활동을 장려한 적이 없다. 오히려 무시했다. 공자는 젊어서 '미천하게 살아 다능해졌다.'라고 했다.

다능(多能)에 대해 추측해 보면, 다능은 일반적으로 기술이고 재주를 말한다. 요즘 말로 하면 손재주로 해석할 수 있다. 무엇이든 잘 만들고 잘 고치는 일을 말한다. 그러나 공자는 이를 살리지 않고 공부를 하여 제자를 가르치는 일을 했는데, 이것을 최고의 직업으로 보았다. 손재주가 좋았지만 스스로 그것을 천하게 보았다. 공자의 이 같은 행동은 당대의 일반적인 사회통념이 되어 갔다. 공부하여 벼슬을 하고 백성을 통치하는 일만이 이상적인 일이었고, 상업과 공업은 아래 사람들이 하는 일로 생각하였다.

공자의 언행이 곧 성전 같았던 조선에서 상업과 공업에 종사하는 사람들은 당연히 천시되었다. 조선이 멸망한 지 100여 년이 지난 지금도 그 잔재가 사회 각 분야에 조금씩 남아있어 세대 갈등을 만들어 내기도 한다.

필자가 젊었을 때만 해도 부모상을 당하면 3년 상을 치러야 했고, 밥상머리에서 말을 하지 말아야 한다는 식의 교육을 받았다. 이러한 대부분의 일상들이 공자의 언행을 그대로 따른 것에서 비롯되었다고 하니 조선에서 공자는 교주였고, 논어는 성경 같은 것이었다.

조선 시대의 상공업과 기술은 신라나 고려 시대에 비해 크게 발전하지 못하고 생산과 유통이 늘어나지 않았다. 이는 농업을 장려하고 공상을 억제하는 정책을 폈기 때문이다.

오래 전 신라는 백제의 장인 아비지(阿非知)를 초빙하여 당대 목재 건축물로는 제일 높은 규모의 황룡사 9층 목탑을 만들었다. 이 탑은 아비지가 소장(小匠) 200여 명과 함께 작업하였는데, 탑의 높이가 80m 이상되는 초대형이었다. 지금의 기술로도 이 정도 높이의 목재 건축물을 재현하기가 쉽지 않다고 한다.

이처럼 뛰어난 건축 기술을 가진 선조들이 있었지만, 조선이 과거 통일 신라 시대나 고려 시대의 기술을 능가하지 못하고 답보 상태였던 이유는 잘못된 정책의 결과였다. 그나마 조선 초기의 뛰어났던 과학 발전은 세종 시대가 끝나면서 그 동력을 잃고 말았다. 조선 후기로 갈수록 상공업을 장려하기는커녕 더욱더 억제했기 때문이다. 한 국가가 발전하려면 상공업의 비중은 절대적이다. 제조업과 상거래를 빼놓고는 국가 경제를 생각할 수 없다.

조선은 생산 활동과 상거래를 무시하다 조선 중기에 큰 위기를 맞지만 영·정조 시대에 들어 잠깐 사회 분위기가 바뀌는 듯하였다. 그러나 생산과 상거래가 확실하게 자리를 잡지 못한 상태에서 정조 임금이 죽고 만다. 정치가 불안해지자 민생은 또 다시 혼란기에 접어들고 상공업은 쇠퇴하고 말았다.

반면, 서구에서는 큰 변화가 일어나고 있었다. 생산이 확대되고 상거래가 활발해지자 사람들의 일상생활도 변하기 시작했다. 이른바 산업 혁명이 일어나고 인권이 강조되는 시기였다. 새로운 소재와 에너지원을 찾아 상품의 대량 생산을 가능하게 했다. 농경 사회보다 돈벌이가 쉬운 도시로 사람이 몰려드는 이른바 도시화가 시작되었다.

개인의 권리와 노동 운동이 시작되었다. 상공업이 활발하게 성행할 수 있었던 것은 이를 수용하고 권장하는 국가 정책이 있었기 때문이었다. 조선과는 확연하게 다른 길을 걷고 있었다. 이 무렵의 조선은 영조와 정조가 집권하던 시대였다.

국가를 성장하게 하는 것에는 남보다 빠른 과학 기술과 상공업의 발전 외에는 달리 길이 없었다. 부국은 물론, 강국도 이것들의 발달과 직접적인 관련이 있었다. 신무기의 개발도 상공업의 작품이었다. 조선이 일본에게 강제 점령될 때에 조선은 세계에서 가장 낙후된 나라였다.

조선이 일본에 점령될 때, 일본은 이미 군함이 있었지만 조선은 목선이었다. 다른 나라에서 자동차를 탈 때 아직 조선은 우마차가 한양 시내를 다녔다. 전등으로 어둠을 밝힐 때 조선은 등잔불을 켜야 했다. 너무나 큰 차이였다.

서구의 일부 국가는 내연 기관과 같은 새로운 동력을 이용하기 시작했고, 물건을 대량 생산할 수 있는 공장과 증기 기관차·증기선·자동차가 만들어졌다. 전반적으로 산업에 응용되는 과학이 대두되고 있었다.

조선에도 기회는 있었지만 정책 입안자들의 실책으로 성공하지 못했다. 5일장이라는 활발한 시장이 고대에서부터 있어 왔고, 중계 무역을 관장하던 역관도 있었다. 그럼에도 상공업 억제 정책으로 인해 국가는 병들었다. 상공업을 천대하는 조선에서 큰 발전을 기대할 수는 없었다.

그 당시 유행어 중에 팔천(八賤)이라는 말이 있었는데, 이는 천민 집단의 대표적인 사노비·승려·백정·무당·광대·상여군·기생·공장(工匠) 등을 낮추어 부르는 말이다. 모두 종교인과 전문기술직 그리고 문화예술인이다. 공장은 수공업을 업으로 하는 사람들을 말한다.

서양은 개화되어 시민의 한 사람으로 자기 권리를 주장하며 삶의 풍요를 찾고 있는데, 반상과 팔천을 논하는 나라에서 더 이상의 미래는 없었다. 어쩌면 조선의 몰락은 건국 때부터 이미 예견되어 있었는지도 모를 일이다.

해금, 공도 정책으로 폐쇄 국가가 되었고,
유학생을 길러내지 않았다

조선을 건국한 이성계와 그의 아들 이방원 그리고 세종으로 이어지는 건국 초기에 해금 정책과 공도 정책은 큰 실책이었다. 바다로 나가고 들어오는 길을 막고 우리의 영토인 섬을 비우는 위험한 정책이었다. 이는 나라의 폐쇄성을 가져왔다. 바다를 통해 선진 문물을 접하고 교류할 수 있는 기회를 차단했다. 이유는 있었겠지만 이 정책으로 인해 외국을 오가며 신학문을 배워오는 유학생도 없어지게 되었다.

조선의 무역은 공무역만이 합법적이고 유일한 대외 통로였다. 생산은 농산물이 대부분이고, 어업도 제재를 받았다. 먼 바다로 나갈 수가 없었다. 일반 백성은 100리 밖으로 나갈 수 없었고, 모든 산업 체계가 조선 안에서 꼼지락거리는 가내 수공업 수준을 넘을 수 없었다.

조선은 무역이 없는 은둔의 나라였다

동서양이 교류하고, 무역이 활발하게 이루어지던 한민족의 역동성을 막아놓은 정책이 조선 초기에 만들어졌다. 그것은 조선 500년 동안 지켜져 온 해금 정책이었다. 해금 정책은 조선을 은둔의 나라로 만드는 악재였다.

조선은 국토의 70%가 산악 지역으로 농토가 많지 않았고 수리시설이라고는 거의 없는 천수답이라 곡물 생산량이 절대적으로 부족했다. 부족분을 무역으로 해결해야 하지만 국가 간의 무역은 금지되었다. 이러한 현상은 세월이 흘러도 개선되지 않았고 조선 백성의 굶주림은 나라가 패망하는 순간까지 수백 년간 이어졌다. 조선에서 쌀이 풍족하여 백성이 배불리 먹었다는 기록은 어디에서도 찾아 볼 수 없다. 늘 굶어죽는 백성들의 이야기와 정치인들의 폭정만이 쓰여 있을 뿐이다.

조선의 무역은 공무역이 전부였다. 백제는 해상을 장악한 국가로 무역을 활발하게 해온 국제적인 나라였다. 고구려는 동북아에서 강자의 입지를 누리며 육상 무역을 해왔다. 육로는 물론 바다를 이용해 일본까지 상인들이 자유롭게 오갈 수 있었다. 신라의 장보고 선단은 당나라와 일본 등을 오가며 해상 무역을 활성화했다. 세계를 오가며 거래 국가를 개척하였고 바다를 장악

했다. 장보고 선단은 세계적으로도 유래가 없는 뛰어난 선단이었다. 신라의 수도 경주에는 각국의 문물이 넘쳐났다. 금으로 지붕을 입힌 금입택 집이 생겨나고 그을음을 내지 않기 위해 나무나 볏짚이 아닌 숯으로 음식을 지어 먹었다. 세계 각국의 무역상들이 신라를 왕래하며 막힘없이 상거래를 하였다. 신라는 왕성한 무역으로 인해 태평세월이 지속되었다.

고려도 마찬가지였다. 국가의 장벽을 만들지 않아 무역을 하는 상인들이 오갈 수 있는 국제적인 나라였다. 고려의 대표적인 무역항은 벽란도이다. 벽란도를 중심으로 사무역이 활발했다. 예성강 하구에 위치한 벽란도에는 많은 외국인들이 몰고 온 상선들이 오리 떼처럼 물위에 떠 있었다. 육지로는 거란과 여진의 장사꾼들이 분주하게 오갔다. 고려는 국제적인 나라였다. 코리아라는 이름이 세계에 알려진 것도 고려 시대였다. 중국이나 일본은 물론 동남아시아 상인과 아라비아 상인들도 드나들며 교역하였다.

그러나 조선이 개국하면서 상황이 달라졌다. 바닷길을 막았다. 바닷길을 막고 섬을 비우는 공도 정책을 확실하게 시행했다. 태종은 울릉도를 비우라고 명령했다. 울릉도에 거주하는 주민들을 강제로 육지로 끌어냈다. 조선에서 죄를 짓고 도망다니는 사람들이나 세금을 내기 싫어 몰래 피신하는 사람들이 섬으로 몰려올 수 있고, 그렇게 되면 그들을 위해 또다시 국가의 재정이 투입되고 관리해야 하는 일이 생기게 된다고 본 것이다.

섬의 지리적 조건상 치안이 약한 틈을 노리고 왜구들이 섬 주민을 약탈하거나 거점으로 이용할 가능성이 있으니 섬 전체를 비워야한다는 한심한 정책이었다. 주민을 철수시키고 빈 섬으로 남겨두면 이 모든 것이 해결될 수 있을까? 지금도 호시탐탐 우리의 영토를 자기네 땅이라 우기는 일본에게 빌미를 준 정책은 아니었는지 돌아봐야 할 일이다.

바닷길을 막고, 섬을 비운 나라 조선은 자연스럽게 쇄국이 되고, 고립되었다. 상공업이 발달할 수 없는 나라의 국도는 확장되지 못했다. 백성의 대다수가 농업에 매달렸지만 식량을 해결할 수가 없었다. 다산 정약용의 기록을 보면, 백성들 집에는 먹을 식량이 없고, 숟가락 하나도 성한 것이 없었다고 했다. 조선의 가난은 너무나 심각했다.

임진왜란이 일어나자 부족한 물품을 마련하기 위해 시장을 잠시 열었다. 중강개시(中江開市)이다. 의주 중강의 마자대에서 열리던 조선과 청나라와의 무역 시장이다. 전쟁으로 굶어죽는 사람들이 속출하자 요동 지방의 미곡을 수입하기 위해 처음 개설하였다. 그것마저 전쟁이 끝나자 문을 닫아버렸다. 후기의 조선은 더 무서운 폐쇄 국가가 되어 있었다. 외국의 새로운 과학이나 문물이 수입될 수 없었다.

문을 걸어 잠그고 상공업을 억제한 정책으로 나라 경제는 파탄에 빠졌다. 과거 신라 시대에도 유학생이 넘쳐 났고, 국제적인 무역이 활발하게 이루어졌지만, 조선 시대 들어와 공부하기 위해 유학생들이 외국으로 나갔다는 이야기는 전해지지 않는다. 오직 나라 안에서 과거 시험에만 매달렸다.

국도는 우마차가 겨우 다닐 정도로 좁았다

조선은 국내에서도 문물의 유통과 거래가 매우 어려웠다. 큰 도로가 거의 없어서였다. 특히 지방을 연결하는 국도인 문경새재나 대관령은 마차조차 다닐 수 없었다. 가팔라서 다니지 못한 것도 있었지만 길이 좁아서였다. 조선의 교통은 자연이 만들어준 물길이 도로 역할을 했다. 당시의 도시들이 강을 따라서 발달한 이유이다. 사람이 만든 것이 아니라 자연적으로 형성되었다고 봐야 한다. 임진왜란 이전부터 이미 조선은 고립되었고 국가 간의 무역이 없는 가난한 나라였다. 돌이켜보면 무엇 하나 제대로 된 것이 없고 권력은 무능하고 부패했다.

도로의 중요성을 몰랐다

어느 나라 할 것 없이 수도는 사람이 많이 산다. 그 수도의 중심 도로가 좁아, 짐을 실은 마차가 다니지 못해 사람들이 이고,

지고 다니는 것이 전부인 나라가 조선이었다. 타고난 부지런함과 성실한 백성을 가진 나라를 세계 최빈국으로 만든 것은 정치인들이었다. 뛰어난 두뇌를 가지고 빛나는 창의 능력과 탐험 정신을 발휘할 수 있었음에도 정치인들이 무능하여 통제로만 백성을 다스렸다.

대표적인 것이 5가작통제였다. 5가구를 1통으로 묶어서 연대 책임을 주는 무서운 감시 체제였다. 거주지를 함부로 이탈하지 못하게 하고, 새로 유입되는 사람에 대해 감시하도록 했다. 만약 신고하지 않으면 다섯 가구가 모두 책임을 져야 하는 제도였다. 연대 책임을 묻는 5가작통제는 조선팔도가 서로 감시받고 감시하는 살벌한 제도였다.

세종 때에 논의된 것이 단종 때에 실행되는 이 제도는 조세 수취 대상자들을 파악하기 위해 도입했다. 몇 개의 통을 하나의 리(里)로 편성한 다음, 리마다 리정(里正)과 유사(有司)를 두도록 했다. 그리고 몇 개의 리를 묶어 면(面)으로 편성했다. 선의적인 목적으로 만든 것이 감시 체계로 악용되었다. 역사를 보면, 제도 자체보다 제도의 운영이 더 무서운 결과를 만들어내기도 한다.

조선의 정치 시스템은 폐쇄적이었다. 문제가 있는 제도를 고치지 않고 방치하거나 시대에 따라 새로운 제도를 만들지 못한 조선은 망국의 길로 들어서게 된다. 인간이 서로 어울려 살아가는 데는 당연히 법과 규정이 있어야 하지만 규제에 목적을 두고 무엇인가를 하지 못하게 하는 것을 법제화해서는 안 된다. 그러나 조선은 수많은 것들 중에 어느 것 하나라도 자유로이 할 수 있는 것이 드물었다. 개인의 능력과 욕망을 통제하는 관료 국가에서 국가의 발전을 기대하기는 어려웠다. 민주주의와 자유주의가 탄생하는 것이 차단당한 조선은 긴 잠에서 깨어나지 못하고 몰락한다.

웅혼한 기상과 대륙을 달리던 역동적인 민족의 모습은 자취를 감추었다. 과거보다 건축물의 크기는 작아졌고, 안으로 잦아드는 규방 문화가 살아났다. 미래를 향한 국가 전략은 만들어지지 않았다. 나라 바깥의 소식을 전혀 알 수 없는 고립된 나라였다. 세계화를 시도조차 해보지 못한 나라가 되어버렸다. 국도는 마차가 짐을 싣고 다닐 수 있을 만큼 넓지도 않았지만 물량도 그리 많지 않았다. 생산량이 형편없이 적은 나라에서 더 넓은 길은 필요하지 않았을 것이다.

조선의 큰 교통은 수로가 담당했다. 수로는 사람이 만든 것이 아니라 강을 따라 흐르는 자연적인 뱃길이었다. 물건을 수송할 배가 필요했다. 작은 배들은 넘쳐났지만 상업이 발달하지 못해 큰 상선은 드물었다. 어선도 100리 밖을 나갈 수가 없어 작은 목선만 가득했다. 생계를 잇는 장사와 생계형 수공업에서 더 발달하지 못한 조선은 대형 선박이 만들어져 원양으로 항해하는 서구의 나라들과는 딴판인 세상이었다. 어선도, 장삿배도, 나룻배도 모두 소형으로 작아졌다. 신라와 고려에 비해서 현저하게 생산성이 떨어지면서 무역량은 줄었고, 유학생은 사라졌다.

위대한 백성을 가지고 세계 최빈국을 만든 나라

위대한 백성을 보유하고 있으면서 가장 낙후된 나라를 만든 왕조가 조선이었다. 유대인이나 미국 사람보다 우리 국민의 지능 지수가 높다고 한다. 놀라울 만큼 머리가 좋고, 부지런하다. 모험심도 세계 정상급이다. 최근 세계의 극지를 탐험하거나 히말라야 최고봉을 오른 사람이 많은 나라가 한국이다.

세계 최초의 금속 활자와 측우기, 우리의 문자인 훈민정음과 최초의 철갑선인 거북선 등을 만들어 낸 국민이다. 또한 세계에서 인구 대비 여행을 가장 많이 다니는 나라도 우리나라라고 한다.

한 국가의 정책은 매우 중요하다. 현재의 남한과 북한을 예로 들어보자. 북한은 조선의 나쁜 점들을 이어받은 폐쇄 국가이다. 형식만 바뀌었다. 이씨 왕조에서 김씨 왕조로, 유교에서 주체사상으로, 왕조 국가에서 공산 독재 국가로 바뀌었다. 멸망하여 역사 속으로 사라진 조선의 판박이다.

조선은 계획된 도시나 강을 건널 수 있는 다리가 거의 없었고, 도로 건설도 없었다. 사람이 다녀 자연스럽게 만들어진 좁은 길이 존재할 뿐이었다. 그 길을 이용해 보부상이 활동하였는데, 보부상은 각종 물건들을 팔고 다니는 행상과 봇짐장수인 보상, 등짐장수인 부상을 일컫는 말이다.

조선의 경제는 신분 제도와 정쟁만을 일삼은 위정자들로 인해 대장간 같은 가내 수공업에서 더 발전하지 못하고 성장이 멈추었다.

조선은 고구려의 마차가 대륙을 달리는 모습과 신라의 무역선이 대양을 항해하는 웅장한 보습, 그리고 고려의 활발한 역참과 무역로를 그리워하는 나라가 되었다.

마차가 다닐 수 있는 도로조차 만들어지지 않은 조선의 길을 통해 소와 말과 노새를 이용해 보부상들은 물류의 이동을 담당했다.

전국에 자리 잡은 1천여 개의 5일장이 그나마 조선의 경제를 지탱하고 있었다. 상업과 공업을 멀리하고, 내수로만 나라 경제를 유지하려 했다. 또한 농사를 장려하였지만 과학적이지 못하고 하늘의 기후에만 의존했다.

그나마 다행인 것은 보부상들이 좁은 국도를 이용하거나 자연스럽게 만들어진 강물을 이용하여 전국의 소식을 전하고 가끔씩 외국의 신상품을 소개하는 역할을 했다. 우리 지명에 포(浦)라는 이름이 많은 것은 물길을 이용하는 곳에 사람이 몰리고 그곳에 시장이 열렸다는 증거이다.

노동을 무시하는 정서가 조선 500년을 지배했다

사람의 하루하루를 들여다보면 대부분 노동으로 시작해서 노동으로 끝난다. 그 속에서 인간은 희로애락을 경험하며 살아간다. 그래서 노동은 고귀한 것이다. 그러나 영원히 미래도 즐거움도 없는 노동을 강요당하는 노비들의 인생은 전혀 다르다.

열심히 살아야 할 이유조차 없는 노비들의 인생 이야기를 하자는 것은 아니다. 인생에 있어 고귀한 노동이 천대받아야 하는 정책을 비판하는 것이다. 일은 아랫것들이 하고, 윗것들은 그 대가를 착취하여 공부하고 권력을 잡는 일을 제도화함으로써 점차 노동은 천한 사람들의 몫이 된 이야기를 하고 싶은 것이다.

조선의 생산력은 노비들이 좌우했다

조선 시대 장인들은 신분이 낮았다. 장인들 대부분은 천민이고 양민은 극히 일부였다. 농업을 중시하고 상공업을 무시하는 정책 때문이었다. 신분제가 엄격했던 시대에 관노 출신과 양인들이 수공업에 종사하게 되면서 노동은 천한 사람들이 한다는 등식이 자연스럽게 형성되었다. 노비는 인간의 대우를 받는 존재가 아니라 사고 팔 수 있는 물건으로 취급받는 신분이었기 때문에 평생 모멸적인 삶을 살아야 했다.

학문도 마찬가지였다. 상공업에 관련한 전공 서적은 천시되었고, 정부 또한 생산적인 활동이나 경제 활동을 위한 어떠한 부서도 만들지 않았다. 공업과 상업은 상민이나 천민들의 전유물이었고, 선비들은 공리적인 유학에 머물렀다. 지금으로 말하면 공업 대학의 교수나 의사 같은 직업을 천민들이 담당했다. 발명가나 연구하는 일은 천민이나 노비들이 하는 것이었다. 중인 신분이거나 노비 중에서 지혜롭고 계산이 밝은 노비를 골라 상공업에 종사시켰으니 자연스럽게 상공업에 종사하는 사람들을 무시하였다.

국가 경제를 담당하는 사람들의 인격을 무시하는 나라에서 경제 발전은 한계가 있었다. 물론 정상적인 이익 추구와 자본 축적도 될 수가 없었다. 그나마 조금의 경제 활동마저도 양반들의 간섭이 극심하였고, 관리들의 횡포로 수탈당하기 일쑤였다. 이처럼 하층민이나 노비가 중심이 되어 나라 경제를 이끌어가고 있었지만 그들의 삶은 비참하였다.

때로는 노비 때문에 국가의 기틀이 만들어지기도 하고, 허물어지기도 하였다. 국가의 경제 기반인 모든 생산 활동이 노비에게서 나왔기 때문이다. 농업은 물론이고, 상업과 공업에 종사하는 사람들 대부분이 하층민이나 노비였다. 공노비는 요즘의 하급 관리 역할을 했다. 생산이나 경제 활동의 대부분이 노비의 손에서 출발하여 노비의 손으로 마무리되었다.

그러나 노비에 대한 대우는 형편없었다. 그것은 바로 생산성의 감소로 이어졌고 노동 의욕을 저하시켰다. 창의와 창조, 역동성이 전혀 없는 나라를 만들게 되었다.

또한, 노비 때문에 국가의 기반이 위태롭기도 하였다. 노비는 공역을 지지 않았다. 노비는 양반들의 개인 재산이었기 때문이다. 노비의 생산적인 활동이 국가 세금과는 관계가 없었다. 지금의 상황으로 보면 노비는 그저 생산 기계 역할을 하는 존재였다.

전쟁이 일어나도 노비는 차출 대상이 아니었다. 누가 나라를 지킬 것인가. 백성의 반이 노비이고, 백성의 반이 여자인 나라에서 차출될 사람은 몇 명이나 될까?

조선의 양반은 군역에서 빠진다. 소수의 양민들이 군역을 져야 하는데 면포로 군역을 대신할 수 있었으니 나라를 지킬 사람이 턱없이 부족했다. 조선은 사실상 병영은 있었지만 군사가 없는 나라로 전락하고 말았다.

조선의 양반은 노비들의 노동을 착취하여 만들어진 풍류와 향유의 집단이었다. 노비들의 생산 활동이 국가의 근간을 이루고 있었기 때문에 국가의 중요 정책이 노비 정책이기도 했다. 조선 경제의 기반이 대부분 노비들의 노동으로 이루어져 있어 개혁에 소극적일 수밖에 없었다.

조선이 중시했던 농업은 생산에 한계가 있었다. 늘 부족한 농산물의 한계를 상공업으로 메우거나 개선해보려는 생각은 하지 못했다. 솔직히 상공업뿐만 아니라 노동과 생산 활동을 담당하고 있는 노동자들의 대우가 너무 적은 것도 문제였다.

거래를 통한 이익에 참가하지 않은 선비

자본주의 사회에서 이익은 최고의 선이다. 이익이 있어야 자본주의가 선순환한다. 조선은 현실적인 이익 추구를 부끄러워했다. 장사를 하는 사람, 즉 상인을 일러 장사치라고 했다. '치'는 사람을 낮추어 말할 때 사용하는 접미사다. '꾼'이라는 접미사도 있다. 지게꾼, 뱀꾼, 사냥꾼, 낚시꾼 등으로 전문적인 일을 하는 사람을 얕잡아 하는 말이다. 장사하는 사람을 일러 장사치, 장사꾼이라고 한다.

양반들은 돈을 탐내면서 돈 버는 일은 아랫것들에게 맡겼다.

행정적인 일이나 계산하는 일은 머리가 좋은 노비를 골라 시켰다. 서리라고 한다. 주종 관계인 사용자와 노동자의 관계가 출발부터 불평등했다. 주인과 종의 관계는 일방적인 관계였다. 상명하복으로 순종할 수밖에 없는 신분 관계였다. 강제된 관계이며 깰 수가 없었다. 서양과 같이 대등한 계약 관계가 아니라 상하로 이루어진 주종 관계에서 출발했다. 어떠한 주장도 받아들여지지 않았다. 다만, 주인의 관대함을 기대하는 것이 전부였다. 폭력은 물론 인신매매까지 가능했다. 살인만 아니면 모든 것이 인정되는 일방적인 관계였다.

조선은 노비들의 노동력으로 운영되는 아주 특별한 국가였다. 관에서 운영하는 공장 일꾼의 상당수가 노비였다. 왕족이나 양반들의 논과 밭에서 일하는 사람들의 대부분이 노비였다. 이들이 빠지면 조선은 굴러갈 수가 없는 나라라고 해도 지나친 말이 아니었다. 공업이나 상업에 종사하는 사람들의 상당수도 노비이거나 하층민들이었다.

조선에서는 공장(工匠)이라 하여 우수한 능력을 가진 사람들을 인정해주었는데, 공장은 최고의 노동자를 말한다. 한성부에 장적을 둔 경공장(京工匠)과 지방에 장적을 둔 외공장(外工匠)이 있었다.

경국대전에 올라있는 경공장의 수는 129개 분야에 총 2,795명으로 되어 있다. 외공장의 경우는 27개 분야에 3,764명이었다. 분야로는 철을 다루는 야장(冶匠), 옻칠을 하는 칠장(漆匠), 나무를 다루는 목장(木匠), 그릇을 만드는 사기장(沙器匠), 항아리와 도자기를 만드는 옹장(瓮匠), 가죽을 다루는 피장(皮匠), 책을 만드는 책공(冊工), 그림을 그리는 화공(畵工), 종이를 만드는 지공(紙工) 등이 있었다.

그러나 이들은 독자적으로 성장할 수 있는 기반이나 경제력이 없었다. 왜냐하면 경제력이나 권력 모두를 잡고 있는 양반들이 기피하는 일이기 때문이다. 조선은 잘못된 신분제와 상공업을 경시하는 풍조로 인해 수공업의 수준을 벗어날 수 없었다. 노동자 스스로가 성장하여 이익 창출과 수공업의 규모를 키울 수 있는 기틀을 만들어 내지 않았다. 노동을 통해 이익을 만들어내는 것은 당당하고 보람 있는 일이 아니라 천한 것이라는 인식이 조선 사회를 지배하고 있었기 때문이었다.

조선은 너무나 가난하여 아내를 파는 일은 다반사이고, 자식도 팔고, 자신이 노비가 되어 남의 집으로 들어가기도 했다. 조선 백성의 대부분은 굶주렸고 굶어죽는 것이 예사였다. 아니라고 말하고 싶지만 벼슬을 하지 못한 양반도 굶주리는 것은 마찬가지였다. 참으로 답답한 일이었지만 혁신하지 못한 결과였다.

공자를 섬겼지만 미래에 대한 열망이 없었다

동양이 몰락한 것에는 과거지향적인 유학이 지배했기 때문이다. 유학은 복고창신(復古昌新)이라고 해서 이상향을 과거에서 찾으려는 경향이 강했다. 인간들이 갈망하는 빛나는 미래를 과거에서 구하려 한 조선은 너무나 안일했다. 과거의 성인들이 남긴 철학이 미래의 꿈을 실현시켜 줄 수는 없었다. 긴 세월 유학의 가르침을 섬기며 이상을 꿈꾼 죄로 조선은 발전하지 못하고 후퇴해야 했다. 조선뿐만이 아니라 유학을 섬긴 동양은 무너졌다.

반면 과학을 인정하고 새로운 것에 대한 욕망을 최고치로 끌어올린 서양의 국가들은 발견, 발명 그리고 발전이라는 등식을 만들어내며 승승장구하고 있었다.

과학의 현지화에 실패했다

공업은 미래의 영역이고, 농업은 과거의 영역에 속한다. 공업, 즉 과학은 미래로 가려는 동력을 만들 수 있는 힘을 가지고 있다. 공업은 모든 물질에 대한 다양한 실험을 가능하게 한다. 무한한 호기심으로 실험을 계속하게 하는 힘이 있기에 과학은 미래로 가는 영역에 속한다.

농업은 과거의 영역이다. 과거의 방법과 원리를 답습하는 것이 많다. 새로운 호기심보다는 성실함의 영역이다. 경쟁이 없는 사회에서는 농업으로 살아갈 수 있지만 경쟁 사회에서 농업만을 고집하다 보면 고립되기 쉽고 다른 일에 비해 낙후되는 결과를 낳을 수 있다.

조선이 신봉한 유학은 과학으로 접어드는 길목에서 길을 잃었다. 좀 더 설명하면 방향성을 상실했다. 공리적인 정신세계 구현에 관심이 컸던 유학은 실증적이지 못했다. 과거에 빠지기 쉬운 학문이었다.

농업은 과거를 반복하는 산업이다. 조선은 농업 우선 정책때문에 경제 강국의 기회를 스스로 박탈했다. 농업은 정착과 답보 산업으로 발전이 크게 일어나지 않는다. 농업의 발전은 공업이 뒷받침되지 않으면 새로운 작법이나 기술이 도입되기 어렵다. 농업을 개선하거나 농기구 등의 신기술을 도입하는 것도 공업에 의해 가능하다.

조선은 공업을 무시하고 상업을 억제한 채 농업만으로 부강을 꿈꾸었다. 무기도, 함선도, 조총의 위력을 넘어서는 대포도 상공업 없이는 발전할 수 없었다. 그럼에도 공업과 상업에 종사하는 사람들을 무시했다. 생산과 무역이 국가 발전에 큰 힘이 된다는 사실을 알지 못하고 미래로 가는 열차에 오르지 못한 조선은 성장이 멈춰버린 나라가 되었다.

공자에게 복고창신은 요임금과 순임금의 시대로 돌아가길 꿈꾸는 공자의 이상향이었다. 그시대를 군자가 뜻을 펼치며 살만한 공간으로 보았다. 목표를 과거에 둔 공자를 신봉한 조선은 미래가 없었다.

조선 최고의 임금이며 성군인 세종대왕을 모르는 사람은 없을 것이다. 조선의 건국과 조선의 기틀을 세운 임금이다. 필자는 가끔 세종은 조선의 미래를 위해 무엇을 고민한 왕이었을까 생각해 본다.

대부분 조선의 정책이 태조 이성계로부터 태종을 거쳐 세종대에서 마무리된다. 해금 정책과 공도 정책 및 노비 정책 그리고 명나라에 대한 사대까지 조선의 기본이 완성되는 시기가 세종 때이다. 세종이 조선의 미래를 예측하였다면 폐기시켰어야 할 정책들이다. 무엇보다 공자를 절대 신봉하였는데, 오늘까지도 공자의 철학을 숭상하는 정신이 남아있는 것만 봐도 유학은 조선의 신앙이었다.

공자가 내세웠던 복고창신은 무엇인가. '복고(復古)'와 '창신(昌新)'은 의미가 서로 부딪힌다. 복고는 과거로 돌아간다는 선언이고, 창신은 새롭게 일어난다는 선언이다. 두 개의 선언이 상반된다. 그렇지만 결국에는 복고를 통해 현대를 새롭게 개창하자는 의미가 복고창신이다.

복고는 공자가 살았던 주나라의 문물과 제도를 과거로 돌려 이상 국가를 찾아 창신하자는 의미이다. 과거 이상적이었던 시기의 제도나 문화를 찾아 새롭게 일어난다는 것은 과거에 큰 의미를 두고 있음을 뜻한다.

미래 계획의 종착점이 안타깝게도 과거에 있다는 결론이다. 다시 말하면, 새롭게 떨쳐 일어나는 목표 지점이 과거 지향적이다. 이러한 묘한 어긋남이 조선의 암울한 미래를 예측하고 있었다. 미래로 가는 새로움이 과거의 틀 안에 있기 때문에 발전에는 한계가 있었다. 국가의 미래를 창의로운 과학이나 경제 발전에 두지 않고 이미 지나간 과거 왕조의 통치 행위를 엄청난 학문처럼 익히고 외우며 살아왔다는 점에서 조선의 미래는 암담했다.

시민 사회는 태동할 수도 없었고, 자본 축척은 봉쇄되었다

조선 후기에는 실학의 출현으로 발전의 기미가 보였지만 이미 세계 최빈국으로 전락한 상태라 기울어진 운동장이었다. 산업은 개인의 욕망 충족이 가능할 때 발전한다. 국가에서 통제하고 관리하는 순간 동력을 잃는다. 사회주의와 공산주의가 실패한 원인이기도 하다. 사유 재산이 인정되지 않을 때 개인 욕망은 더 이상 움직이지 않는다.

사상과 철학적 관점에서 보더라도 국가는 개인 욕망을 충족시켜 주면서 사회를 위한 공헌과 봉사를 할 수 있게 하는 제도가 유지될 때 크게 발전할 수 있음을 잊어서는 안 된다.

백성들의 자유를 허락하지 않았다

조선은 생각보다 자유가 없는 나라였다. 신분제 사회로 묶여 있었다. 사회 불만 세력인 하층민이 반이 넘는 사회였다. 불만 세력을 사회적으로 억압하여 불만 세력 간의 소통을 막았다. 조선은 한 마디로 무서운 사회였다. 주인이 노비를 죽여도 하소연할 수 없었다. 사람대접을 받지 못하는 천민들을 통제하려면 자유를 억압하는 것이 일차적인 방법이었다. 자유가 사라진 땅에서는 자본주의가 발을 붙이지 못한다. 자본주의는 개인의 욕망을 부추겨서 스스로 일하도록 만든 사회다. 경쟁을 통해 열심히 일하고 성공한 만큼 재산을 늘려가는 제도로 강자독점주의가 바로 자본주의다. 여기서 강자는 자유로운 경쟁을 통하여 부를 성취하는 능력 있는 사람을 말한다. 권력을 가진 자가 일방적으로 약자의 것을 탈취해 가는 것과는 전혀 다른 공정한 경쟁 사회다.

불평등 사회에서 자본주의는 꽃 피우기 어렵다. 개인의 인권과 자유로운 상행위가 인정되어야 한다. 권력의 위압에 통제되는 사회에서는 사실 자본주의가 발을 붙일 수 없다. 조선은 사농공상 정책으로 상공업이 심각하게 억압받았다.

조선은 통제 국가였다. 종교의 자유가 없었다고는 말할 수 없지만 사회 전체에 흐르는 문화는 그것을 강력하게 견제하거나 통제하고 있었다. 일례로 숭유억불 정책이 그랬다. 율곡 이이가 금강산에 들어가 산사에 머물렀다는 것으로 평생 지적을 받았다. 중이 되는 것을 막는 도첩제도 있었다. 자유로운 듯하지만 실상은 그렇지 않았다. 한 마디로 말하면 무서운 나라였다. 백성들의 자유가 제한적이고, 약자가 강자를 비판하거나 욕을 할 수도 없는 나라였다.

어느 정도였는가를 확인하는 순간 놀랄 것이다. 세종 때 실록을 보면, 노비가 주인의 부당함을 고발하면 내용을 불문하고 참형에 처했다.

> "나주에 사는 염한이란 자가 발고한 말은 불충하니 능지
> 처사(陵遲處死)해야 한다고 하자 왕께서 허락했다."

능지처사는 능지처참(陵遲處斬)이라고 하는데, 사람의 살점을 칼로 도려내거나 찢어서 죽이는 무서운 형벌이다. 노비가 주인의 잘못을 고발하면 도리어 자신이 처형당하는 이해할 수 없는 일이 자연스럽게 벌어지는 나라가 조선이었다. 노비는 가축과 같은 존재였다. 노비가 자식을 낳아 성장하면 주인이 자식을 별도로 팔기도 했다. 반발할 경우 무서운 형벌이 기다리고 있었다.

세종실록 15권, 세종 4년, 2월 3일 기록을 보면 주인이 잘못된 행위를 한다 해도 노비가 주인을 고발하면 교형에 처하도록 지

시하였다. 세종은 관리와 양반 계급에게는 비교적 관대한 왕이
었다.

예조 판서 허조가 아뢰었다.

> "주상전하, 지금부터 종의 남편과 종의 아내가 상전을 고
> 발하려하면 고발을 받지 않고 고발자에게 장 1백, 유(流)
> 3천리의 형벌에 처할 것입니다. 또한 부사나 서도가 관리
> 와 품관을 고발하거나 이민(吏民)이 감사와 수령을 고발하
> 면 그 고발은 받지 않고 고발하려는 자를 엄하게 처벌할
> 것입니다. 설령 참과 거짓을 따지더라도 상전은 논죄하
> 지 않고 고발한 자에게만 벌을 내린다는 것을 백성이 알
> 게 되면 타당하지 못한 판결이라 할 것이니 청컨대, 지금
> 부터는 종사에 관계되는 일에 큰 법을 어기고 사람을 죽
> 인 일이 아니면 고발을 받지 않고, 고발한 자에게 장 1백,
> 유 3천리의 형벌에 처하려 하옵니다. 이를 허락하여 주십
> 시오."

예조 판서가 아뢰니 세종이 그대로 따랐다.

조선 왕조 내내 이 법은 유지되었다. 부민고소금지법(部民告訴
禁止法)과 노비고소금지법(奴婢告訴禁止法)이었다.

시민 사회가 만들어지지 않았다

조선 초기에는 전방에서 근무하는 군사들을 위하여 기방을 운영하였다. 물론 일본군이 운영했던 위안부와는 다르다 해도 한심한 정책이었다. 기방에는 기생이 있었고 그 기생은 군인에게 술을 팔고 웃음을 팔았다. 관아에 예속된 기생을 관기라 하는데, 관기가 딸을 낳으면 세습되도록 하였다. 조선의 문물 제도와 큰 관행들이 제도화된 것은 상당 부분 세종 때였다. 이것들 중에 상당 부분이 권력자에게 유리하게 되어 있었다.

이를테면, 죄를 지을 경우 관직에 있는 자는 벌금을 내면 용서가 되지만, 일반 백성은 곤장을 맞아야 했다. 주로 곤장은 일반 백성에게만 주어지는 형벌이고, 양반 관리들에게는 해당되지 않았다. 철저하게 신분에 따라 법 적용을 달리하였다. 귀한 자와 천한 자가 같지 않음을 확립시켰다. 백성을 사랑하여 문자를 만들고, 국방을 튼튼히 하고, 문화 예술을 꽃 피운 성군이었지만 이 같은 제도는 비난받아야 할 실책이다. 세상에 완전한 사람이 있을 수는 없겠지만 몇 가지 잘못된 법과 제도, 질서들은 조선을 병들게 하는 데 큰 역할을 한다.

왕이 중심인 나라 조선은 자본주의가 발전할 수 없었다. 개인의 자유가 거의 없고, 사유 재산을 인정하지 않았다. 나라의 모든 것은 왕의 것이었다. 공업과 상업이 발전할 수 없는 나라에서 그나마 유일한 생산 수단은 농사였다. 그러나 농사의 근본이 되는 농토를 개인들이 사고 팔 수는 있었지만, 원칙적으로 땅은 국왕의 것이어서 사소한 정치적 상황에도 국가가 토지를 몰수할 수 있었다. 몰수된 땅은 다른 사람에게 다시 나누어 주었다. 토지는 권력만큼 주어졌다가 환수되는 한시적 소유 재산이었다. 물론 권력이 있을 경우 개인 재산으로 인정되어 계속 유지도 가능했다.

임진왜란 때 이야기다. 조선에서 전쟁이 일어나자 군대를 보내준 명나라는 군량 조달이 어려워질 것을 예상하고 은화를 가지고 들어왔다. 그러나 조선에서 은화가 통용되지 않았다. 실제로 조선은 상업이 없는 나라였다. 큰 거래를 위한 상업은 없었고 물물교환 형태의 시장이 있을 뿐이었다.

우리는 흔히 조선 사대부들의 풍류와 선비의 고고함을 찬양하지만 그 뒤에는 상당 부분 서민과 천민들의 아픔이 있었다. 조선도 한때 자본주의를 싹틔울 기미를 보인 적이 있었지만 관이 시장을 주도하면서 경직되고 말았다.

행동 하나하나가 조심스럽고, 눈치를 봐야 하는 상황에서 상행위가 성장하기 어려웠다. 무엇보다 돈이 움직이는 상공업을 바라보는 권력자들의 음흉한 시선과 현장을 감시하는 관리들의 횡포가 너무 컸다. 상관이나 주인에 대한 잘못을 고발할 수 없는 나라 조선은 착취와 불법이 점점 고착화될 수밖에 없었다.

1600년대 독일은 신문을 발행하였다. 그때부터 시민 사회가 태동하고 성장하기 시작했다. 기술과 과학의 발전은 상공업을 급속도로 발전시켰고 공산품의 대량 생산이 가능해지기 시작했다.

일부 역사학자들은 조선에서도 서양의 신문물에 대해 공부하려는 실학파들이 생겨나고 조금씩 자생 능력이 만들어지고 있었다고 하지만 실상은 그렇지 않았다. 고착화된 사농공상 제도가 일상 깊숙이 들어와 있고, 그것이 문화가 되어버린 조선은 서양의 선진 국가들과 경쟁하려는 의욕이 애초에 없었다. 그러나 일찍이 서구의 신기술을 받아들인 일본은 차츰 산업화되기 시작했다.

조선의 호롱불과 서양의 전깃불로 대변되는 동서양의 기술 격차는 심각하였다. 조선이 신분제를 유지하고 있을 때 서양과 일본은 조선과 전혀 다른 세상을 만들어내고 있었다.

관치로 인해 개인의 자본 축적이 부족했다

조선 시대 개인의 상상력과 의지가 약해진 주요 원인은 정치였다. 생산과 유통을 발전시키고 백성들의 삶을 보살펴야 할 관, 즉 정부는 시장의 지나친 간섭과 자율을 규제함으로써 성장의 기회를 잃어버렸다. 예나 지금이나 국가는 주어진 권력을 이용하여 생산적인 일을 하기보다 시장에 개입하여 간섭과 규제를 하려는 경향이 있다. 그러나 국가가 개인의 창의적인 사고를 긍정적으로 바라보고 새로운 일을 벌이는 것에 협조적인 나라일수록 크게 성장하였다.

앞에서 설명한 남한과 북한을 비교해 보면, 그 결과를 쉽게 알수 있다. 국가가 지나치게 통제하고 개인의 욕구를 억압하는 순간 개인은 물론 국가까지 활력을 잃게 된다. 강력한 규제와 폐쇄된 정보로 국민을 통치하는 나라와 자유로운 경쟁을 통해 자본을 축적하는 나라의 현실은 차이가 너무나 컸다.

안타깝게도 조선에서는 개인주의가 인정되지 않았다. 공동체와 왕조가 우선이었고, 양반만이 사람이었다. 신분이 확실한 사회였다. 길을 가다 관리의 행차가 있으면 길바닥에 무릎을 꿇고다 지나갈 때까지 고개를 숙여 읍을 하고 있어야 하는 불편함의 연속이었다. 권위만을 강조하는 관리들의 수탈과 엄청난 통제로인해 그나마 겨우 운영되던 수공업은 침체를 거듭하다 국가 경제 파탄에 이른다.

관이 주도하는 시장과 각종 통제와 신분제에 의해 막혀버린 사회에서 성장을 말할 수는 없다. 성장에 있어 특히 중요한 부분은 자본이다. 자본이 있어야 기술 개발과 산업이 활발해지고, 문화가 성장할 수 있다. 자유롭지 못하면 자본을 축적할 수가 없다. 치열한 경쟁이 있을 때 자본은 축적되고 세상은 발전할 수 있다.

논문을 발표하거나
지식을 축적할 수 있는 제도가 없었다

세계 역사를 보면 제일 먼저 신기술을 발명한 사람은 유명해지고, 그에 대한 대우도 매우 좋았다. 그러나 동양의 여러 왕조 국가에서는 그렇지 못했다.

조선의 상공업 종사자들은 신분제에 따라 대부분 하층민으로 이루어져 있었다. 과학적인 사고는 아랫것들이나 하는 천박한 이론이고 작품일 뿐이었다. 이 제도의 관습은 아직까지도 사회 곳곳에 조금씩 남아 있다.

대한민국은 세계가 부러워하는 경제 대국이다. 우리의 몇몇 기업들은 세계 최고의 기술력과 특허를 보유하고 있지만, 그 기술을 처음 발명한 사람의 이름이나 업적은 잘 알지 못하고 있다. 자동차, 반도체, 바이오, IT, 화학 등 한국 기업의 업적 뒤에는 불철주야 연구에 몰두하는 엔지니어들의 노고가 있었겠지만 이들의 이름은 잘 드러나지 않고 해당 기업만이 크게 성장했다. 아직까지 우리는 발명자에 대한 대우나 보호가 외국에 비해 부족한 편이다.

기술자를 인정하지 않았다

조선에 최초와 최고의 기술을 기록한 논문 따위는 없었다. 제도가 없었기 때문이다. 논문을 통해 신기술을 세상에 공표하고 사회로부터 인정받는 것은 학자나 엔지니어들의 업적이자 사회적 공헌이다. 발표된 논문이 평가를 받고 인류 문명을 크게 발전시킬 수 있다면 자신의 명성과 대가는 충분히 보상받아야 한다. 오늘의 선진 국가들이 발전한 역사를 들여다보면 논문을 통한 신기술의 발표가 있었고, 이것을 인정해주는 사회적 동의가 있었다. 그러나 국가 발전의 초석이 될 만한 논문을 발표하거나 보존하는 제도가 조선에는 없었다.

논문의 사전적 정의는 학자나 과학자의 연구 결과를 실험실 바깥 세상에 알리고 이를 검증하고 인정받는 수단이다. 다른 과학자들과 소통하고 교류하는 통로 역시 논문이다. 개인의 학문적 주장 또는 가설을 정해진 절차와 형식을 갖춰 논리적으로 증명하고, 실험을 통하여 확인해내는 것이다.

중요한 것은 이러한 논문 제도가 인류 발전에 크게 기여하고 있다는 것이다. 늘 새로움과 최고 위에 다시 최고를 더하는 인간의 의지가 인류 발전에 큰 힘이 되고 있다.

조선은 놀라운 기록 문화를 가진 나라였다. 다른 나라의 추종을 불허할 수준이다. 가장 확실한 기록물은 조선왕조실록이다. 조선왕조실록만큼 자세하게 기록한 왕조의 기록물은 없다. 조선 500년의 역사가 거의 완벽하게 재현될 만큼 정확하다. 그러나 조선왕조실록보다 더 꼼꼼하고 자세하게 기록한 것이 승정원 일기이다. 승정원의 하루하루를 적은 기록물이다. 궁에서 일어나는 사소한 일들과 조정의 행정 사무와 혼례 행사 등을 주관하는 내용 등을 자세히 기록하였다. 다른 나라에서는 찾아보기 힘든 귀한 자료이다. 우리 민족은 전통적으로 기록에 대해서 특별할 정도로 철저했다. 있는 대로 적으려 했고, 정확하게 적으려 했다. 지금도 조선 시대의 날씨, 기후 등을 살펴보거나 연구할 때에 조선왕조실록이나 승정원 일기를 참고한다고 하니 우리의 기록 문화는 참으로 위대하다.

당시의 상황을 그림까지 그려가며 정확하게 기록했다. 한 예로, 수원 화성을 지을 때 만들었던 녹로와 거중기를 생생한 모습 그대로 그렸다든가, 궁궐도에 조선의 궁을 정확하게 그려놓아 지금도 그대로 복원이 가능할 정도로 기록했다. 더구나 조선 의궤는 세계에서 유일한 그림으로 만든 기록물이다. 의궤는 조선

왕실에서 시행한 모든 것들을 다음 행사를 위해 정리한 기록물이다. 왕실에 큰 행사가 있을 때 도감을 설치하고, 행사가 끝나면 의궤청을 만들어 기록 보존에 만전을 기했다.

하지만 안타깝게도 논문이 있었다는 기록은 없다. 조선은 사실 위주로 기록하는 것에는 치밀하였지만 수학적인 원리와 과학적인 논리를 기록하는 데는 부족했다. 신분이 낮은 사람들이 하는 것이 상공업이었기 때문에 발명자에 대한 기록은 부족했다. 일을 지시하는 사람이 양반이다 보니 그들은 늘 인정받았지만, 지시를 받는 기술자들은 낮은 신분으로 인해 글을 몰랐거나 알았다 해도 자신들의 신분이 상승되는 것도 아니고 부가 축적되지도 않는 현실에서 전문 지식이나 기술들을 기록하지는 않았을 것이다.

최초와 최고에 대한 사회적인 대우를 서구에서는 일찍 시작했다. 논문을 통해 실력을 인정받아 지식 재산을 확보하거나 새로운 것을 발명한 사람에게는 일정 기간 독점적 권리를 주는 특허 제도도 시행했다.

기술자가 존중받는 사회가 서양에서 강하게 일어나고 있을 때에도 조선은 깊은 수렁에서 벗어나지 못하고 전근대적인 사고에 사로잡혀 있었다.

+, -, @, %, Ω 등의 특수 기호를 만들어내지 못했다

동양, 특히 조선에서는 문자 이외의 화학 기호와 복잡한 수학, 물리 현상을 설명할 기호가 만들어지지 않았다. 간단한 기호로 수학, 화학, 물리학의 이론을 표기하고 증명하는 일은 인간이 상상하는 것 이상의 과학을 발전시켜왔다. 이것의 연장선에서 인류는 4차 산업의 사회를 현실화시킬 것이며 편리한 삶을 영위할 수 있는 미래를 만들어 낼 것이다.

우리 조상들은 아주 오래 전부터 문자를 만들어 사용하였고, 넓은 대륙과 바다를 지배하며 무역을 하였다. 그런데 이들의 언어와 위대한 유전자를 그대로 이어받은 조선은 무슨 이유로 상공업을 천시하고 실용 학문을 발전시키지 않았을까?

그러나 다행인 것은 비록 특수 문자를 만들어내지는 못했지만, 뼈저리게 경험한 망국의 아픔과 격변의 세월을 이겨내고 수많은 기술 특허와 K팝이라는 독특한 문화를 만들어 세계에 우리의 존재감을 알리고 있다는 사실이다. 세계 1등 국민이라는 긍지를 가지고 더 당당해져야 할 일이다.

새삼 이 시대에 다산의 삶과 사상이 재평가 받는 이유는 자신이 처한 비참한 환경에서도 공정과 청렴을 강조하며 쇠약해진 조선을 치유하고자 했던 열정과 500여 권의 기록으로 우리에게 미래를 일러준 그의 가르침 때문일 것이다.

다산에게 배우다

2021년 9월 5일 인쇄
2021년 9월 10일 발행

저   자 : 신광철
펴낸이 : 남상호

펴낸곳 : 도서출판 **예신**
www.yesin.co.kr

(우)04317 서울시 용산구 효창원로 64길 6
대표전화 : 704-4233, 팩스 : 335-1986
등록번호 : 제3-01365호(2002.4.18)

값 14,000원

ISBN : 978-89-5649-176-9